江苏省社会科学基金项目“长江经济带水权交易的‘空间均衡’效应评估和影响机理研究”（批准号：22EYB022）阶段性成果
淮阴工学院学术专著出版基金资助

农业灌溉用水效率测度及节水路径研究：“回弹效应”视角

方 琳 著

中国财经出版传媒集团
经济科学出版社
Economic Science Press

图书在版编目（CIP）数据

农业灌溉用水效率测度及节水路径研究："回弹效应"视角/方琳著．--北京：经济科学出版社，2023.3

ISBN 978-7-5218-4141-1

Ⅰ.①农… Ⅱ.①方… Ⅲ.①农业灌溉-用水管理-研究 Ⅳ.①S275

中国版本图书馆CIP数据核字（2022）第194479号

责任编辑：高 波
责任校对：杨 海
责任印制：邱 天

农业灌溉用水效率测度及节水路径研究："回弹效应"视角
方 琳 著
经济科学出版社出版、发行 新华书店经销
社址：北京市海淀区阜成路甲28号 邮编：100142
总编部电话：010-88191217 发行部电话：010-88191522
网址：www.esp.com.cn
电子邮箱：esp@esp.com.cn
天猫网店：经济科学出版社旗舰店
网址：http://jjkxcbs.tmall.com
固安华明印业有限公司印装
710×1000 16开 14.75印张 208000字
2023年3月第1版 2023年3月第1次印刷
ISBN 978-7-5218-4141-1 定价：52.00元
（图书出现印装问题，本社负责调换。电话：010-88191510）

前言 Preface

水资源是一种基础性的自然资源，对我国经济社会的发展极其重要。我国是人均水资源量最贫乏的国家之一，人多水少、水资源分布与地区发展不均衡是基本国情、水情，制约着地区经济的可持续发展。长期以来，农业部门用水量占比最大，农业节水是建设节水型社会的关键所在，但是随着城市化进程的深入发展，全球气候变化的影响加剧，我国农业用水面临的形势趋于严峻，强化农业水资源节约保护工作越来越紧迫。目前我国农业用水灌溉系数较低、农业灌溉水利用水平低下，东中西部地区存在较大的地区差异性等，一直都是制约农业节水的现实问题。我国已充分认识到提高农业灌溉技术在节约农业用水方面发挥的巨大作用，自 2011 年起，政府颁布了若干条中央文件，多次提出要提高农业灌溉技术水平，实现农业水资源的可持续利用。

那么如何结合地区间技术异质性特征，在全要素生产框架下，合理测度农业灌溉用水效率；在灌溉技术提高的过程中，是否会出现回弹效应？灌溉技术进步是通过什么路径影响农业用水，各条影响路径下能否实现预期节水效果？是否存在合适的农业政策能对灌溉技术进步的节水效果起到调节作用？这些都需要我们进行严密的论证和分析。

基于此，本研究在“回弹效应”视角下测度农业灌溉用水效率，对农业节水路径及调节对策进行理论剖析和实证研究，这对于新时期下建设节水型农业和实现整个经济社会的可持续发展都是十分重要的。首先，基于技术异质性视角，构建共同前沿 SBM 模型测度农业灌溉用水效率，以此表征灌溉技术水平，剖析其静态和动态发展态势；其次，基于扩展的 IPAT 面板数据模型，借助中介效应模型检验灌溉技术进步对农业节水的"直接效应"和"间接效应"影响路径；再次，基于 SBM-Malmquist 指数和 LMDI 模型测算农业水回弹效应的大小及地区差异性，并从水资源禀赋和灌溉土地面积视角下挖掘产生回弹效应异质性的背后根源；最后，分别从技术和管理两个层面检验不同类型农业政策在节水路径中所起的调节作用。

本研究的主要创新点可以归纳为以下三部分。

第一部分：研究视角创新。本研究在技术异质性视角下，全新测度农业灌溉用水效率，用以表征灌溉技术指标，为我国农业灌溉技术指标的测度提供了新思路和理论方法。同时，深入剖析了灌溉技术进步对农业节水的作用机理，通过影响路径、影响程度和调节对策三方面的理论分析和实证检验，揭示了灌溉技术进步会经由直接、间接和回弹效应影响路径对农业节水产生影响，以及检验了不同类型农业对策在提高技术效率和完善管理制度层面的调节作用，拓展了我国农业节水影响领域的研究视角。

第二部分：研究方法创新。研究方法创新主要体现在农业灌溉技术指标测度模型优化及实证检验模型拓展两个方面。首先，为了更准确测度农业灌溉技术指标，将包含非期望产出的 SBM 模型优化为共同前沿下包含非期望产出的 SBM 模型；其次，考虑到灌溉技术进步会对农业节水产生直接和间接影响，在传统 IPAT 模型基础上，构建扩展的 IPAT 模型作为基准模型，并基于中介效应检验思想，实证测算了其直接和间接影响程度；最后，在测算农业水回弹效应时，基于 SBM-Malmquist 指数和 LMDI 模型合理提取技术进步对农业产出增长和农业用水强度的贡献率，对回弹效应的测度方法进行了拓展。

第三部分：研究内容创新。理论上揭示了灌溉技术进步对农业节水影响路径的作用机理，并且通过中介效应检验、计量模型实证测算了各条影响路径下的影响程度；同时，基于技术创新理论和价格机制、利益机制作用机理剖析了宏观农业政策和市场调控型水政策在影响路径中的调节作用，并通过构建交乘项的方式，基于实证模型检验了不同类型调节对策的作用程度。全国和分区域视角下的对比性分析贯穿全文，使得分析结果更加全面具体，这对于以往仅关注直接影响路径和未考虑到地区异质性特征下的单一研究内容进行了拓展。

“回弹效应”视角下农业灌溉用水效率测度、节水路径及调节对策研究，在理论上就灌溉技术进步对农业节水的促进、抑制作用并存的事实及其影响关系提出更为合理的解释，丰富了农业节水领域的以往研究成果；同时，通过全国和分区域视角下系统分析影响路径、影响程度和调节对策，在实践中将更有利于找到农业节水的合理方向，也能为各地区依据自身情况制定差别化的农业节水发展战略提供政策依据，从而推动区域间协调发展，实现农业的可持续发展。

目录 Contents

第1章　绪　　论

1.1　研究背景

水资源是一种基础性的自然资源，对我国经济社会的发展极其重要。我国是一个人均水资源量最贫乏的国家之一，人多水少、水资源分布与地区发展不均衡是基本国情、水情，制约着地区经济的可持续发展。长期以来，农业用水量占比约占全国用水总量的62%左右，农业一直是我国用水大户，然而随着城镇化的深入发展，全球气候变化影响加剧，我国农业用水面临的形势日趋严峻，强化农业用水节约保护工作越来越紧迫。那么在水资源日趋短缺，农业灌溉技术水平一直较低等现状下，如何在保障粮食安全和农业发展的要求下，实现农业节水目标，成为当前研究的重点。

1. 水资源短缺、地区分布不均衡问题制约我国经济社会的可持续发展

我国淡水资源总量为2.8万亿立方米，约占全球水资源总量的6%，仅次于巴西、俄罗斯、加拿大，位居世界第四位，但人均水资源量低，2016年为2 354.92立方米，仅占世界平均水平的1/4，而同期加拿大为12 000立方米，美国为10 000立方米，远低于世界先进水平。从国际上比较来看，中国的水资源条件是不好的，水资源短缺严重是现代化进程中必须要克服的一个瓶颈。我国正常年份缺水量达500亿立方米，近2/3的城市有不同程度的缺水情况。据统计，严重缺水的110个城市每年因缺水造成的经济损失达2 000亿元，缺水已经成为我国粮食安全、经济发展和社会安定的首要制约因素（钱龙霞等，2015），因此，我国已成为世界人均水资源量最为贫乏的国家之一。

另外，我国水资源区域分布存在显著的差异性，全国[①]水资源80%分布在长江以南地区，属于经济发展较快，水资源相对富足的地区。而长江以北地区的水资源量仅占全国14.7%，属于水资源相对不足的地区，其中黄淮海流域水资源短缺问题尤其突出，而西北地区则有超过50%的农业生产依靠灌溉水。总体来说，北方由于水资源贫乏，缺水严重，直接约束农业生产和工业部门发展；而南方地区水资源尽管相对较为丰富，但水污染问题造成水质型缺水，也在很大程度上约束了当地经济社会的快速发展。

依据图1-1数据显示，我国各省份的水资源分配极不均衡，2016年

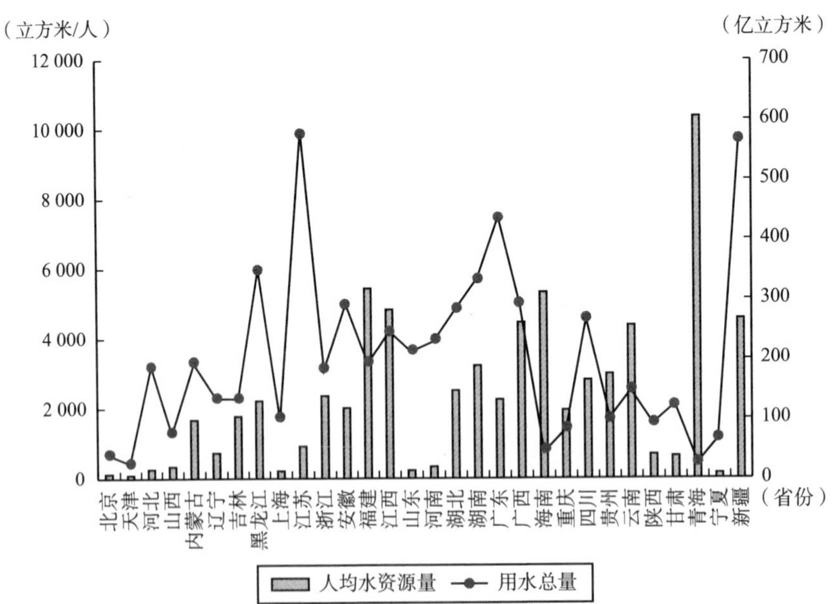

图1-1　2016年全国各省份人均水资源量与地区用水总量

资料来源：笔者绘制。

① 本书所指全国30个省（区、市）数据不含西藏自治区及港澳台地区，后面不再赘述。

人均水资源量最高的依次是青海省、福建省、海南省、江西省、广西壮族自治区，而这些省份的地区用水总量并不高，尤其是青海省、海南省的用水总量仅仅为26.4亿立方米和45亿立方米，分别占全国总用水量的0.4%和0.7%；而人均水资源量较低的江苏省、广东省、黑龙江省等地，其用水总量却分别高达577.4亿立方米，435亿立方米和352.6亿立方米，地区水资源分配不均衡制约地区农业、工业和生活用水，从而阻碍地区经济发展①。

从图1-2数据可以看出，水资源禀赋与地区间经济发展也表现出极不均衡状态，经济发展快速、水资源需求大的地区大多位于京津冀、长三角地区和珠三角地区，而相对于经济发展程度，这些区域的人均水资源量并不充沛，而西南黔、桂地区水资源却相对丰富，而该地区的经济发展相对不足，水资源未得到充分利用，造成资源浪费，由于跨区域调水工程受限较大，因此地区间水资源禀赋与经济发展现

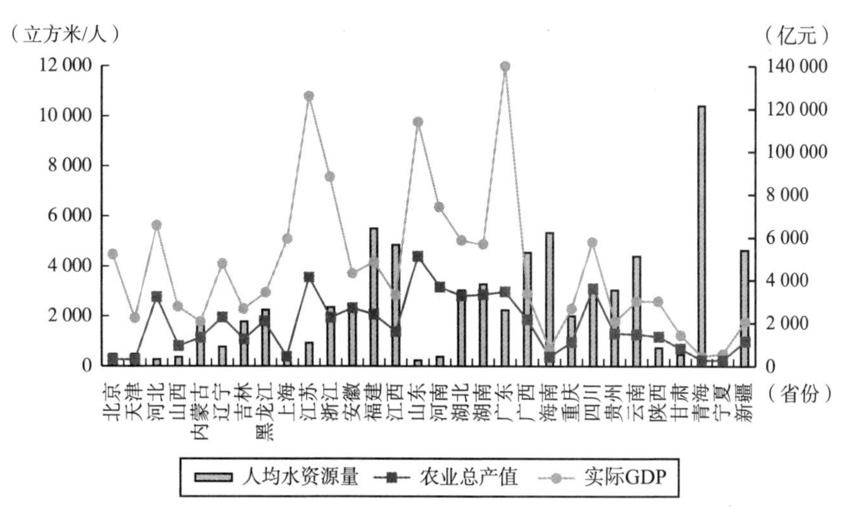

图1-2 2016年全国各省份人均水资源量与经济发展总量

资料来源：笔者绘制。

① 中华人民共和国国家统计局. 中国统计年鉴2017 [M]. 北京：中国统计出版社，2017.

状不匹配，造成水资源供给与经济发展之间的关系更加紧张，从而约束经济社会的长期可持续发展。

2. 气候变化、城市化进程和水质污染问题造成农业供水的紧张局面

随着全球经济的飞速发展，工业发展突飞猛进，造成全球碳排放大量增加，温室气体排放的急速增加引发全球变暖，全球气候变化已经成为大家面临的共同挑战。2013 年，IPCC 第五次评估报告中，从 1901 年到 2012 年，全球地表平均温度升高了 0.65～1.06℃[①]，而随着气候变暖，降雨、蒸发、径流和土壤湿度等都会随之改变。同时由于水文循环的变化，降雨和温度在时间和空间上发生转变，从而增加极端恶劣天气如台风、洪涝、干旱、雪灾、低温冷冻等灾害发生的频率和强度，所有这些气候变化不仅会减少农业可获得的用水量，也会危害农业生产，从而对农业部门供水产生恶劣影响。

近些年来，中国一直在大力推进城市化进程，全国城市化率（城镇人口占总人口比重）从 1978 年的 17.92% 持续上升到 2016 年的 57.4%[②]，水资源在城市化进程中发挥着特殊重要的地位。然而由于气候变暖和极端恶劣天气导致水资源供给很难持续增长，而随着我国工业化、城镇化的深入发展，工业、交通、能源基础设施和城市建设规模不断扩大，水资源需求还将在较长的一段时期内继续增加，那么必然导致工业生产用水、城乡生活用水和生态用水不断挤压农业生产用水。同时，政府出于增加当地财政收入的需要，也倾向于将水资源要素转向效益较高的工业和生活部门，从而导致其他部门用水与农业部门用水的供需矛盾尖锐，农业水资源短缺现象将进一步恶化，进而威胁粮食安全和全民生活，最终影响城市化和工业化的进程。

另外，我国各地的水环境质量普遍不高，水质污染问题严重。

①② 中华人民共和国国家统计局. 中国统计年鉴 2017 [M]. 北京：中国统计出版社，2017.

《中国水资源公报》数据显示，2016 年，我国 23.5 万千米的河流水质状况的评价结果显示，Ⅰ～Ⅲ类水河长占 76.9%，劣Ⅴ类水河长占 9.8%。118 个湖泊共 3.1 万平方米水面的水质评价结果显示，全年总体水质为Ⅰ～Ⅲ类的湖泊有 28 个，Ⅳ～Ⅴ类湖泊有 69 个，劣Ⅴ类湖泊 21 个，分别占评价湖泊总数的 23.7%、58.5% 和 17.8%。全国 324 座大型水库、516 座中型水库及 103 座小型水库，共 943 座水库的水质评价结果显示，全年总体水质为Ⅰ～Ⅲ类水库有 825 座，Ⅳ～Ⅴ类水库有 88 座，劣Ⅴ类水库 30 座，分别占评价水库总数的 87.5%、9.3% 和 3.2%，其中大型水库Ⅰ～Ⅲ类和劣Ⅴ类比例分别是 87.9% 和 2.5%。全国 544 个重要省界断面的检测结果显示，Ⅰ～Ⅲ类、Ⅳ～Ⅴ类和劣Ⅴ类水质断面比例分别为 67.1%、15.8% 和 17.1%。可见，各地水污染问题仍然较严重，由于工业部门的高污染高耗水排放，农业和生活部门的废污水排放居高不下，从而导致出现水质性缺水、饮用水源安全隐患、水环境与水生态破坏等现象，最终在气候变化、城市化进程和水质污染等各项外在不利因素的影响下，农业部门用水量必然越趋紧张，未来农业节水压力巨大，不容乐观。

3. 节约农业用水是实现节水型社会建设的关键所在

水资源是一切生物赖以生存的不可或缺的重要资源，是经济社会发展的必需物资。我国用水总量由农业、工业、生活和生态用水构成，依据《中国统计年鉴》，2016 年全国用水总量 6 040.2 亿立方米，其中，生活用水量 821.6 亿立方米，占用水总量的 13.6%；工业用水量 1 308.0 亿立方米，占用水总量的 21.6%；农业用水量为 3 768.0亿立方米，占用水总量的 62.4%；生态环境用水量为 142.6 亿立方米，占用水总量的 2.4%。

图 1－3 显示的是我国历年农业用水、工业用水、生活用水和生态用水占全国用水总量比例的变化。可以看出，随着我国经济的稳步发展，生活用水和生态用水份额在不断上升，2004～2016 年，生活

用水和生态用水占比年均增长约为1.27%和4.55%，而工业用水份额则在2010年前一直呈现增长趋势，近些年用水量稍有下降，农业方面用水份额虽有所减少，其占比年均降低约2.8%，但近些年占比仍然高达62%①，可见，农业长期以来都是我国主要的需水耗水产业。

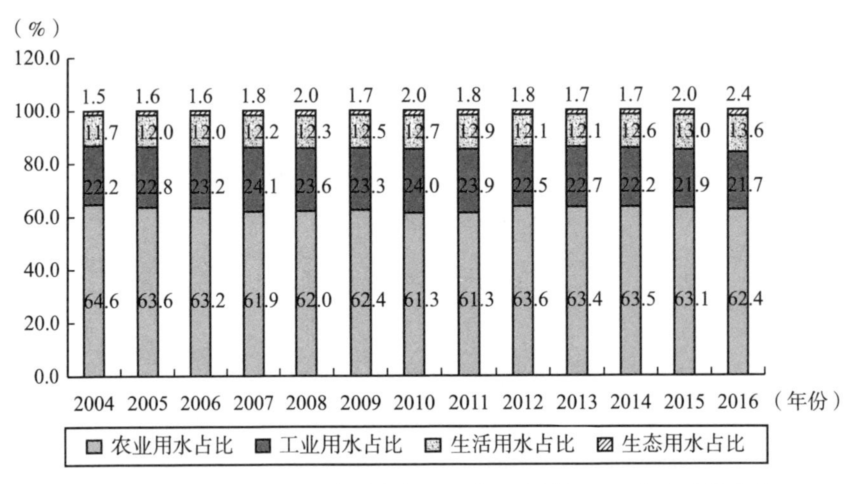

图1-3　2004~2016年我国农业、工业、生活和生态用水占比变化

资料来源：笔者绘制。

另外，对于农业部门的发展而言，水资源的重要性就更加不言而喻了，我国人口众多，农业用水量充足与否直接关系到粮食安全和全民的健康生活。鉴于农业生产部门是我国主要的需求产业，农业部门也是经济发展的基础产业，其可持续发展关乎社会其他经济部门的长期健康发展，因此农业生产部门实现节水目标是整个经济社会可持续发展的关键所在。

2010年《节水型社会建设“十二五”规划》提出了建立节水型

① 中华人民共和国国家统计局．中国统计年鉴2017［M］．北京：中国统计出版社，2017.

社会的总体目标，2017 年发布的《节水型社会建设“十三五”规划》也指出要加强农业高效节水，促进农业现代化。在有限的水资源供给条件下，节约农业用水量不仅是保障农业部门稳健发展的必要途径，也是解决全国经济发展过程中出现的水资源短缺问题的一个有效方法，是实现节水型社会建设的关键所在。

4. 我国农业灌溉技术水平长期处于较低状态

随着我国经济快速发展和农业现代化的不断推进，农业灌溉技术水平得以逐步改善，依据《中国水资源公报》的统计信息，我国农田实际灌溉亩均用水量由 1997 年的 492 立方米下降到 2016 年的 380 立方米，减少了 22.8%；农田灌溉水有效利用系数从 2011 年的 0.51 提高到 2016 年的 0.542，增加了 6.27%；节水灌溉面积占有效灌溉面积之比由 1998 年的 31.91% 到 2016 年的 49.11%，增加了 53.9%。但是，虽然近十几年来，我国农业节水技术水平在稳定提升，各项指标与同期世界先进水平相比，仍然还有很大的差距。2016 年，我国水分生产率（即单方用水粮食产量）不足 1.2 千克/立方米，而世界先进水平为 2 千克/立方米左右；农田灌溉水有效利用系数为 0.542，而世界先进水平为 0.7 ~ 0.8；节水灌溉面积占比 49.11%，而发达国家在 80% 左右；平均水粮产出比仅为每立方米水 1.6 千克，低于世界先进水平。

长期以来，我国农业用水灌溉系数较低、农业灌溉水利用水平低下，而且东中西部地区还存在较大的地区差异性，2014 年东中西部地区的农田实际灌溉亩均用水量分别为 363 立方米、357 立方米和 504 立方米，因此不论从全国角度来看，还是地区层面看，我国农业灌溉技术均存在很大的节水潜力，提升空间巨大。

目前，农业水资源高效利用受到高度关注，2011 年“一号文件”《中共中央、国务院关于加快水利改革发展的决定》《国务院关于实行最严格水资源管理制度的意见》和党的十八大报告等均明确指出，要提高粮食产能，建设高效灌溉节水工程；提高水资源利用效率，推行最严格水资源管理的"用水效率"红线控制；尤其是要从农业节水抓起，提高农业用水效率，实现农业水资源的可持续利用。

我国农业生产过程中存在的水资源供给紧缺和灌溉技术水平不高的局面加剧了农业用水的困境，为解决这一关系国计民生的重大问题，发展农业灌溉技术、提高农业灌溉用水效率将成为近年来缓解我国农业用水紧张、保障粮食安全和水安全的重要战略举措。

总体来看，近些年为满足水资源可持续发展和生态农业建设的要求，中国在大力发展现代化农业灌区建设，开发了节水灌溉新设备和防渗新材料，提高了渠道防渗技术，灌溉节水技术发展不断提速。2017 年中央"一号文件"强调要把农业节水作为战略性的大事来抓，要加快完善国家支持农业节水政策的体系建设，保障农业可持续发展，这是中央"一号文件"连续 14 年聚焦"三农"，建设节水型农业，已成为热点话题。因此，在全面建成小康社会、实行最严格水资源管理制度的新形势下，剖析如何提高农业灌溉技术水平，挖掘灌溉技术进步对农业节水的影响机理和调节对策，这对于新时期下建设节水型农业和实现整个经济社会的可持续发展都是十分重要的。

1.2 问题的提出

为了实现农业节水目标，中央陆续出台了一些重要文件，系统部署了农业节水的相关战略措施，如 2011 年中央"一号文件"《关于加快水利改革发展的决定》在农田水利设施建设和保证粮食安全等方面明确提出要提高灌溉节水技术；2012 年，国务院发布的《关于实行最严格水资源管理制度的意见》明确了三条红线的主要目标，进一步提出了实行最严格水资源管理制度的保障措施，并对各省用水效率等方面的控制目标进行了严格要求；2016 年水利部、发改委颁布了《"十三五"水资源消耗总量和强度双控行动方案》，方案明确提出到2020年，农业亩均灌溉用水量要显著下降，农田灌溉水有效利用系数要提高到0.55以上。

从政府文件中可以看出，中央已多次明确提出要提高农业灌溉用水效率，全面提高农业灌溉水有效利用系数，实行农业用水总量和强度的“双控”行动，可见提高农业灌溉技术水平得到了政府的重点关注，是目前政府在建设节水型农业社会方面主推的重大战略举措。

然而，目前在灌溉技术进步对农业节水影响的相关研究方面，至今仍然存在一些有待解决的问题。

问题1：如何合理测度农业灌溉技术水平？

考虑到目前在衡量农业灌溉技术水平方面，多采用单要素效率指标如亩均用水量、单方用水粮食产量和节水灌溉面积占比等，那么如何结合地区间技术异质性特征，在全要素生产框架下，合理测度农业灌溉技术水平，这是本文的首要任务。

问题2：在农业部门，灌溉技术进步是通过什么路径影响农业用水，各条影响路径下能否实现预期节水效果？

灌溉技术进步对农业节水的直接影响作用如何，会否经由其余路径间接影响农业用水，其间接影响程度如何？测度农业节水的直接和间接影响效应是本文需要解决的基础问题。

问题3：在农业灌溉技术提高的过程中，是否会出现一定的节水反弹现象？

在农业水资源领域，是否也会出现能源领域已被广泛认可的“回弹效应”？因此实证测算农业水“回弹效应”是深入检验灌溉技术节水效应的关键所在，这是本文需要重点解决的核心环节。

问题4：是否存在合适的农业政策能对灌溉技术进步的节水效果起到积极的调节作用？

考虑到政策的调节作用是推进灌溉技术进步，实现预期节水成效的关键所在，所以这是本文需要给出的重要对策建议。

因此，在目前农业灌溉技术水平不高，政府在大力提倡提高农业用水效率的政策背景下，本书就灌溉技术进步对农业节水的影响路径及其调节对策进行实证分析，拟具体系统研究以下内容：

（1）界定农业灌溉技术进步的定量指标。基于技术异质性视角，构建共同前沿下包含非期望产出的SBM模型测度农业灌溉用水的全要素生产技术效率，以此表征农业灌溉技术水平，剖析其静态和动态发展态势；

（2）理论分析灌溉技术进步对农业节水影响路径的作用机理，并实证检验其影响程度。通过影响路径作用机理分析和影响系数（程度）测算两种方式研究灌溉技术进步对农业节水的影响。首先，构建影响路径作用机理模型，理论推导灌溉技术进步会通过“直接效应”“间接效应”和“回弹效应”影响路径对农业节水产生影响；其次，基于扩展的IPAT面板数据模型，采用“中介效应”检验思想构建直接和间接效应影响路径模型，分别实证测算灌溉技术进步对农业节水的“直接效应”和“间接效应”影响系数，揭示农业节水“直接”和“间接”影响路径。

（3）实证测算农业水“回弹效应”大小和地区差异性，并剖析其产生的背后根源性。基于SBM-Malmquist指数和LMDI模型实证测算农业水“回弹效应”程度和地区差异性，并从水资源禀赋和灌溉土地面积视角下挖掘产生“回弹效应”异质性的背后根源。

（4）从技术和管理两层面，分别检验不同类型农业政策在农业节水路径中所起的调节作用。首先，从技术层面，研究R&D资金投入、教育技术培训和政府财政支持这三类宏观农业政策在直接和间接影响路径中的调节作用；其次，从管理层面，通过构建农业水价和水价交易这两类市场调控型政策指标，分析其在“回弹效应”路径下的调节作用。

以上几点都需要我们进行严密的论证和分析，总体来说，只有很好的界定并测度农业灌溉技术指标，理解灌溉技术进步对农业节水的作用机理，揭示不同影响路径下的节水效果以及不同类农业政策在调节节水成效方面起的作用，才能最大限度实现农业节水的最终目标，从而推动生态农业建设和经济社会长远发展。

1.3 研究意义

1.3.1 理论意义

（1）完善我国农业灌溉技术指标测度的相关理论和研究方法。目前在衡量农业灌溉技术水平方面，学术上普遍采用全要素用水效率进行度量，但其测度方法均假设所有单元位于同一生产前沿线下，并未充分考虑到全国各地区间在资源承载力、环境容量、发展基础方面存在的异质性特征，因此本研究在技术异质性视角下，全新测度农业灌溉用水效率，用以表征农业灌溉技术指标，这在一定程度上为我国农业灌溉技术指标的测度提供了新思路和理论方法。

（2）丰富灌溉技术进步对农业节水影响领域的研究视角和研究内容。本研究深入剖析了灌溉技术进步对农业节水的作用机理，通过影响路径、影响程度和调节对策三方面的理论分析和实证检验，揭示了灌溉技术进步会经由直接、间接和回弹效应影响路径对农业用水产生影响。另外，在影响路径的调节对策研究视角下，从技术和管理两个层面剖析不同类型农业政策在影响路径中的调节作用，在一定程度上丰富了我国农业节水影响领域的相关理论和方法。

1.3.2 实践意义

（1）有利于符合我国建设节水型社会和实行最严格水资源管理制度的要求。水是保障人类社会可持续发展的基础资源，建设节水型社会、实行"三条红线"最严格水资源管理制度是我国重要的发展战略。本研究对农业灌溉技术水平进行测度，就灌溉技术进步对农业节水的影响路径、影响程度进行多维度实证研究，并提出相关农业政策应从"技术"和"管理"不同层面上对农业节水进行调节。借助系统分析影响路径和影响机制，将有利于找到农业节水的合理方向，这对于缓解我国农业用水紧张、实现农业可持续发展，建设节水型社会起到了一定现实作用。

（2）有助于制定有效的水资源管理制度和相关政策，统筹省际间协调发展。本研究系统分析了农业节水的影响路径和调节机制，深入剖析了地区间农业灌溉技术水平的差异性，及灌溉技术进步对农业节水影响程度和调节机制的差异性。借助实证分析结果，有助于政府识别各项农业政策的实际效力，为政府部门及时有针对性地调整相关政策法规和管理制度提供决策依据，从而有助于缩小农业灌溉技术水平的地区差异性，统筹省际间均衡发展。

1.4　国内外相关研究进展

1.4.1　技术进步指标测度研究

技术进步作为经济学领域的一个重要概念，其主要指的是在实现一定目标过程中所取得的进化与革命，有狭义与广义之分。狭义技术进步仅指技术进化和技术革命，体现的是生产工艺、中间投入品及制造技能等方面的革新和改进，是在硬技术应用方面表现出的直接进步；而广义技术进步则包含所有知识形式的积累和完善。在技术进步指标的测度上，大部分学者采用全要素生产率（TFP）作为衡量技术进步的核心指标，从测算方法上早期主要有生产函数法

（陈诗一，2009），索罗余值核算法（陈颖和李强，2006；王小鲁等，2009），而后逐渐采用效率测度方法如数据包络分析和随机前沿分析方法等。

在测度某项资源要素的技术进步指标方面，目前通常是用该项资源要素的生产技术效率（即投入产出效率）来表征，评价的是该资源使用效率相对高低的程度，其定义为；在固定生产要素投入下实际生产能达到的最大产出程度，或者在固定产出条件下能实现的该资源要素的最小投入程度。如今，资源要素的生产技术效率的测度方法主要有单要素效率测度和全要素效率测度两种，其中，单要素效率主要是利用单位资源消耗的经济产出系数表征，如万元经济产值的用水量、农业灌溉亩均用水量等（刘渝，2007；李世祥等，2008）。单要素效率指标只是该资源要素投入与产出之间的简单比例关系，忽略了其他生产要素的贡献及不同生产要素之间的替代作用，会导致效率评估中的偏差。鉴于此，胡等（Hu et al.，2006）首次提出了全要素生产技术效率的概念，全要素效率指标是指在新古典生产理论框架下，将所有生产要素同时纳入效率分析当中，同时考虑了生产过程中的水资源投入和其他要素投入，具有综合多维度的特征。由于考虑了所有生产要素之间的替代效应，因此与单要素效率指标相比，全要素效率指标的测度结果更加符合实际生产过程，在学术中的运用也更为广泛。

在全要素生产框架下，基于全要素生产技术效率来测算某项资源要素的技术进步指标，已被广泛用于能源资源和生态环境领域的相关理论和实证研究中。现有学者利用不同类型的 DEA 模型对全要素能源效率进行估计（Zhou and Ang，2008；Wu et al.，2012；Wang et al.，2013；Wang et al.，2013）。博伊德（Boyd，2008）和周等（Zhou et al.，2012）基于能源距离函数，利用 SFA 方法测度了全要素能源效率。另外，考虑到在现实经济中地区技术水平的差异性，学者们也研究了存在异质性技术时的全要素能源效率测度问题，分别提出了共同前沿分析方法（Battese and Rao，2002；Battese et al.，2004；O'Donnell et al.，2008）、参数共同前沿分析方法（Lin and Du，2013）、共同前沿－DEA估计方法（Wang et al.，2013）、潜类别随机前沿模型（Lin and Du，2014）等对全要素能源效率进行估计。

相比能源领域技术进步测度问题，生态环境领域则主要借助于全要素环境效率来表征生态环境的技术进步水平，如污染物排放效率测度等，文献中通常将污染物排放效率定义为最优（理论最小）污染排放量与实际污染排放量之比，而方法上则以将非期望产出纳入传统DEA模型为主。早期学者将非期望产出看作投入要素进行测度，这种方法简单直接，但与实际生产过程不符（Haynes et al.，1998；Lee et al.，2002；Hailu and Veeman，2001）。随后学者们采用数据转换方法，将"越少越好"的非期望产出转换为"越多越好"的新变量，将新变量作为期望产出纳入传统DEA模型中（Scheel，2001；Seiford and Zhu，2002；Hua et al.，2007），然而这种方法意味着非期望产出和期望产出一样，可以在没有成本付出的情况下减少，不够合理。近年来学术上更为广泛使用的方法是联合生产框架，这种方法认为非期望产出是需要付出成本的，因此将非期望产出界定为弱可处置性，从而将期望和非期望产出的弱可处置性与强可处置性区分开来，目前在联合生产框架下，对全要素环境效率已提出了多种测度方法，如方向距离函数（Chung et al.，1997）、非径向方向距离函数（Färe and Grosskopf，2010；Zhou et al.，2012），基于松弛变量的SBM模型（Tone，2004；Zhou et al.，2006）；RAM模型（Sueyoshi et al.，2010）；BAM模型（Cooper et al.，2011）等。

在农业领域，其技术进步指标的概念界定方面，现有学者也多采用全要素生产技术框架进行界定，用农业用水效率或者灌溉用水效率来表征节水技术进步，如赵连阁和王学渊（2010）将农户灌溉用水效率定义为在产出和其他投入要素保持不变的条件下，能够有效激励农户尽可能多地减少水资源的使用数量，实现农业水资源生产配置效率提高的能力，并以此作为农业技术进步水平的界定指标。王学渊（2009）认为农业用水效率反映的是农业生产过程中水资源的利用效率，该指标可以用在水资源投入数量不变的情况下实现农业生产最大产出量来测度。杨骞等（2017）将农业用水效率分为单要素和全要素用水效率，并以农业用水效率表示节水技术进步。胡等（2007）基于“潜在用水量与实际用水量之比”定义全要素用水效率，并以此表征农业节水技术进步指标。

在农业用水效率的测度方法方面，多延续能源效率和生态环境效率测度的研究方法（SFA 和 DEA），如巴蒂斯特等（Battese et al.，1995）最早采用 SFA 模型分析法测算农业用水效率，随后学者们也基于 SFA 模型从不同角度测度了农业用水效率（Kaneko et al.，2004；张雄化和钟若愚，2015；耿献辉等，2014；王学渊和赵连阁，2008 等）。在 DEA 测度方法方面，学者们分别基于全要素生产技术框架，利用 DEA 方法对用水效率、曼德莱斯三角洲地区若干灌区的生产技术效率进行了测度（Hu et al.，2007；Sun and Hong，2008；Yilmaz et al.，2009）。佟金萍等（2015）运用超效率 DEA 方法对长江流域的农业用水效率进行了测度。杨扬和蒋书彬（2016）、屈晓娟和方兰（2017）基于 Malmquist 指数方法，分析了我国农业水资源利用效率。李静和徐德钰（2018）基于 MinDW 模型，避免了传统 DEA 模型及基于松弛测度的 SBM 模型的缺陷，测度了全国 31 个省的农业用水效率。另外，也有一些学者采用了其他方法进行测度，如封志明等（2005）提出了遗传投影寻踪方法，李绍飞（2011）采用了改进的模糊物元模型，户艳领等（2015）采用熵权法通过构建评价指标体系的方式测度了水资源利用效率。

1.4.2 技术进步对资源环境的直接和间接影响研究

关于技术进步对资源消耗的影响，现有学者主要就技术进步对能源消费，以及由能源消耗导致的碳排放影响两个视角下展开研究。

关于技术进步对能源消耗的影响研究，学者们主要持有两种观点。

第一种观点，部分学者认为技术进步能够减少能源消耗。"希克斯诱导创新理论"认为较高的能源价格引致的技术进步会降低能源消费量（Ricardo，2010）。技术进步对能源消耗的直接作用不显著，但技术进步会通过产业结构和能源消费结构的调整，间接降低能源消耗（Zhou et al.，2013）。董锋等（2010）基于灰色关联计量模型测度了产业结构、技术进步、国内产出和对外开放程度对我国能耗的影响，研究结果表明，技术进步是减少我国能耗的一个重要因素。聂锐和王迪（2011）研究结果显示，产业结构对能耗的影响远远小于技术进步对能耗的作用。陶（Tao，2011）将技术进步、教育水平和能源消费纳入灰色关联模型中进行实证研究，结果表明技术进步对降低能耗有正效应。洪丽璇等（2011）基于我国地级市工业能源消耗数据的实证结果显示，技术进步能有效缓解我国能耗过快增长的作用。

第二种观点，也有部分学者认为技术进步对减少能源消耗的影响不确定，并且存在地区差异性。朗春雷（2012）研究发现技术进步对能源消耗的影响存在非线性关系，当技术进步超过一定阈值，就会出现"回弹效应"，从而阻碍技术进步降低能源消耗的作用。张兵兵和徐康宁（2013）认为不同国家下，技术进步降低能源消耗的影响并不相同，发达国家技术进步可以有效降低能耗，但发展中国家不确定；东西部地区技术进步可以有效降低能耗，而中部地区两者则呈现正相关。王班班和齐绍洲（2014）认为技术进步对能耗的影响程度会受到技术进步类型的牵制，他认为"节约型"技术进步会降低能耗，而"使用型"技术进步只会提高能耗。张明慧和李永峰（2005）采用研发经费作为衡量技术进步的指标，基于计量模型验证结果显示，技术进步并不能有效降低能耗，能源消费量将随着技术进步的提高而不断增长。秦旭东（2006）通过构建包含技术进步的综合评价指标体系，验证陕西省技术进步与能源消费的关系，发现两者呈现正相关。姜磊和季民河（2011）对上海市能源消费的影响因素分析结果显示，技术进步对上海市能耗的节约作用不是太大。

关于技术进步对能源消费引致的碳排放方面的影响，早期主要是基于技术外生性假设条件下展开，而近期大量学者则开始将技术进步内生化，并引入能源气候变化的影响模型中，其大部分研究结果论证了技术进步对碳减排的积极促进作用。如曼妮和里歇尔斯（Manne and Richels，2004）博塞蒂和塔沃尼（Bosetti and Tavoni，2007）的研究发现，企业的研发投资和“干中学”行为能有效促进企业 CO_2 的减排。日本技术进步偏向对碳排放有重要影响（Sawhney and Kah，2012）。李国志和李宗植（2010），何小钢和张耀辉（2012）均实证检验了技术进步对我国工业碳减排的积极作用。偏向性技术进步会促进其他环境政策的碳减排效果（Popp，2004）。王群伟等（2010）分析了影响中国 CO_2 减排绩效的各因素，结果发现技术进步是促进碳减排绩效不断提升的核心因素。李凯杰和曲如晓（2012）认为技术进步与碳排放存在长期均衡关系，短期内技术进步的减排作用不明显，而长期的减排效果显著。姚西龙（2013）、王兵和杜敏哲（2015）均认为低碳技术可以同时实现碳减排和工业经济增长，而且强低碳技术比弱低碳技术的优势更加明显，减排效应也存在地区差异性。

另外，也有部分学者认为技术进步不能有效降低碳排放，有时甚至还会增加碳排放。如贾菲等（Jaffe et al.，2002）和昂（Ang，2009）基于包含环境因素的内生增长理论模型对 CO_2 排放的影响因素进行了分析，研究结果显示，中国 CO_2 排放与研发强度、技术转让、吸收能力等技术进步要素没有直接关联。李莎莎和牛莉（2014）、孙建（2015）以研发经费和研发人员作为技术创新替代变量，基于具有内生结构突变特征的协整模型检验了我国技术进步与 CO_2 排放两者间的关系，研究结果显示，技术进步虽然能在一定程度上减少碳排放，但其作用存在时滞性，现阶段的减排效果并不明显。而且，金培振等（2014）基于中国 35 个工业行业的研究结果显示，技术进步会造成碳减排的"回弹效应"，即在工业领域技术进步会带来能源效率改进，碳减排效果被经济增长所带来的碳增长效果抵消，从而出现回弹现象。由于能源效率改进导致出现能源"回弹效应"，这一结论已被学者们广泛证实，而能源消耗量增加，可能会进一步导致碳排放增加，因此阿西莫格鲁等（Acemoglu et al.，2010）也认为碳排放也同样存在"回弹效应"。

目前，在技术进步对水资源利用的影响分析方面，刘双双等（2017）、王学渊和赵连阁（2008）、李青等（2014）分别从提高农业水资源利用效率视角下进行分析，认为提高技术进步能够减少农业用水量，从而实现农业用水量零增长或者负增长。金巍等（2018）、薛亮和郝卫平（2012）从农业生产效率视角下，论证了提高农业生产效率有助于解决农业用水量不足的问题。佟金萍等（2014）对农业技术进步进行分解，从纯技术效率和规模效率视角下分析不同类技术进步对农业用水量的影响。贾邵凤等（2004）利用库兹涅茨曲线研究工业用水下降的原因，结果发现部门用水效率提高是用水量减少的直接原因。张陈俊等（2014）基于 LMDI 方法对中国水资源消耗的技术进步效应进行了测度，结果显示技术进步是总用水量下降的最主要因素，并且我国东中西不同地区技术进步的驱动效应还存在显著的地区差异性。

1.4.3 技术进步对资源环境的回弹效应影响研究

回弹效应的概念最早是由杰文斯（Jevons，1866）提出的，他认为采用更为有效的蒸汽技术和设备不仅会减少煤炭消耗，同时也会导致煤炭价格下降，从而造成煤炭需求的增加。在此之后，学者们陆续对回弹效应展开学术研究，最早一批代表学者分别在1980年、1990年和2000年对回弹效应进行系统分析（Khazzoom，1980；Brookes，1990，2008），开创了回弹效应研究的先河，后续有一些学者将他们的研究称为“Khazzoom-Brookes”假说。依据该假说，能源回弹效应可定义为：一方面，技术进步会推动能源效率提高，减少能源消耗量；另一方面，技术进步也会降低企业生产成本从而推动经济增长，导致能源需求的增加。也就是说，技术进步导致的能源减少量会部分或者全部被经济增长带来的能源需求增加量抵消，这就称为能源回弹效应。

依据“Khazzoom-Brookes”假说，回弹效应在能源领域进行了大量理论和实证研究，直接回弹效应指的是提高能源效率会在同部门产生资源要素的替代效应和收入效应，能源服务消费成本降低，从而导致能源消费增加，产生直接回弹；而间接回弹效应则是指能源成本的降低会促使上下游行业和其他关联部门的能源需求增加，从而促使能源消费增加，产生间接回弹；而对于经济范围回弹效应，它指的是回弹效应会波及整个经济系统，某个部门的能源技术进步会推动中间产品和最终产品生产部门的能源使用成本下降，从而促使整个经济系统的产品发生价格调整，最终促使经济范围下能源消费量的增加，产生回弹（Greening et al.，2000）。

对于上述三类回弹效应，学者们分别从不同对象，采用不同方法展开了实证研究。对于直接和间接回弹效应，大部分学者采用的是基于价格弹性或者效率弹性的研究方法（Wang and Lu，2014；Lin and Tian，2016；Lin et al.，2016），或者采用计量经济学方法如广义最小二乘法（Freire，2010），三阶段最小二乘法（Hymel et al.，2010），误差修正模型（Wang and Lu，2014）和动态面板分位数回归模型（Zhang et al.，2015）等。

而对于经济范围回弹效应，现有文献主要采用两类方法进行研究，即CGE模型（Zha and Zhou，2010；Yu et al.，2015；Broberg et al.，2005）和计量经济学模型。周和林（Zhou and Lin，2007）是采用计量经济学方法研究回弹效应的先导者，他们构建了一个逻辑关系确定了能源强度、技术进步、经济增长与能源消费的关系，并采用了索罗余值和岭回归的方法进行测算，合理计算了经济范围能源回弹效应的大小。随后，有许多学者采用这套逻辑关系分别对回弹效应进行了进一步的细致研究。全要素生产率不能作为技术进步对经济增长贡献率的合理指标，因此采用Malmquist指数将全要素生产率进行分解，从中提取技术进步贡献率并测度了回弹效应（Lin and Liu，2012）。在确定技术进步贡献率指标方面，采用了潜变量回归和状态空间模型来进行测算，从而计算了中国能源回弹效应（Shao et al.，2014）。另外，也有很多学者考虑到能源强度的变化不仅由技术进步推动，还包含了结构效应等，因此他们采用了LMDI模型对能源强度进行了分解，合理界定了技术进步对能源强度的贡献率，从而测度了回弹效应（Wang and Zhou，2008；Zhao，2013；Lin et al.，2017）。

在农业水回弹效应分析方面，目前的研究结果并没有达成一致。有部分学者发现有效的灌溉技术并不会减少农业用水量，如戈梅兹和佩雷·布兰可（Gómez and Pérez-Blanco，2014）基于微观经济分析模型评估了较高的灌溉技术对农业用水量的影响，他们认为农业水回弹效应是可能存在的。沃德和普利多·维拉兹奎兹（Ward and Pulido-Velazquez，2008）研究发现采用节水技术会使农业生产用地增多，从而导致农业用水量增加。李和赵（Li and Zhao，2018）估计了LEPA项目在拥有水权地区和无水权地区的差异下，农业水回弹效应大小的不同，研究结果显示随着灌溉技术的提高，农业水回弹效应的大小会随着农户拥有水权额度的多少而发生改变。农业用水量并不会随着灌溉技术提高而显著降低，技术提高，农业用水量呈现出不变的态势，即农业用水需求表现出技术进步的无弹性现象（Berbel and

Mateos，2014）。宋（Song et al.，2018）基于我国1998～2014年的省级面板数据研究发现，中国农业水平均回弹效应为61.49%，北部和西部地区的回弹效应要高于东部地区，而且回弹效应随年变化也很大。

也有部分学者认为农业水回弹效应并不存在。如澳大利亚马克非地区的实际调研结果显示，对高效节水项目投资和补贴，在促进农业节水进步的同时，会在一定程度上降低地表水的使用（Heumesser et al.，2012）。高效节水灌溉面积每增加4%，会导致农业用水总量减少2%（Graveline et al.，2014）。由于灌溉面积是受限的，所以农业用水领域并不存在回弹效应（Gutierrez and Gomez，2011）。贝尔韦尔等（Berbel et al.，2015）通过比对节水技术投资的事前和事后农业用水量的差异性，发现西班牙南部地区并不存在农业水回弹效应。

1.4.4 提高技术效率和缓解回弹效应的对策研究

在提高技术效率和缓解回弹效应的农业节水对策研究方面，有部分学者从辅助政策的调节效应入手分析，还有部分学者基于如何改善农业用水效率的经济社会各方面视角下进行分析。

在农业用水效率改善潜力分析方面，现有文献的研究视角则涵盖了自然、社会、经济等各方面。如佟金萍等（2014）认为年降水量、地下水供水占比会提高农业用水效率，而亩均灌溉费与水资源禀赋则会抑制农业用水效率的提高；王学渊等（2008）认为农作物种植结构、农田水利设施建设、水资源需求管理等均会显著影响农业用水效率。魏玲玲等（2014）基于新疆数据的实证结果，认为农业种植结构和水利设施投入会提高农业用水效率。赵姜等（2017）从气候因素、农业生产状况和农业经济发展条件等方面入手，探究了其对农业用水效率的影响。许朗等（2012）基于实地调研数据，从农户种植类型、生产条件、节水行为、采用的灌溉技术等视角探讨其对改善农业灌溉用水效率的影响。

在政策对缓解回弹效应的研究方面，现有文献大多围绕农业水政策的节水成效性展开，如就水权配额、灌溉面积税、农业水价、水权交易等对农业用水量和农业用水效率的影响进行分析。

其中，水权配额管理如用水定额管理、取水权配置等均属于指令型政策，其目的在于限制取水量，在实现预设的节水目标方面是一个有效的政策工具，也是长期以来农业水资源配置的主要手段（Bate，2002）。而且配额管理不会对生产者施加额外的生产成本，对于政府而言，其执行成本也较低（Tsur and Dinar，1995）。而灌溉面积税指的是对每一单位灌溉面积征收农业用水费用，其执行费用低，被很多国家和地区采用（Mamitimin et al.，2015），然而部分学者的研究结果显示实际用水量和灌溉税费之间的直接关联性不高，因此认为其节水成效较低（Huang et al.，2007；Tsur，2005）。

而关于农业水价对农业用水量影响的文献研究结果显示，部分学者认为水资源的需求价格弹性为负，而且农业用水量对水价比较敏感，提高农业水价会产生良好的直接节水效果（Scheierling et al.，2006；Frank et al.，1997；周春应等，2005；裴源生等，2003；廖永松，2009）。伊朗的案例分析表明高水价的节水效果是显著的（Moghaddasi et al.，2009）。赵永等（2015）利用CGE模型研究了水价提高对流域灌溉用水量的影响，结果显示，当各省区水价提高15%时，流域灌溉用水量将减少1.5%。贾绍凤等（2000）预测水价提高会促使华北地区的未来水资源需求量减少25%～50%。毛春梅（2005）通过分析黄河流域水价与水资源需求的关系发现，农业灌溉水价提高10%，农业用水量将下降5.71%～7.41%。刘静等（2018）基于倍差法模型定量分析了衡水市桃城区"一提一补"水价改革对农户灌溉用水量的影响，研究结果显示，该政策对玉米灌溉用水量影响不显著，但其显著减少了小麦用水量，说明"一提一补"水价改革有利于缓解华北平原的地下水超采形势。曹希和李铮（2014）认为，水价可以自主发挥其经济杠杆作用，能自动调节并有效激励用水户的用水行为。王晓娟和李周（2005）、许朗（2012）和梁静溪等（2018）研究表明可以通过引入水价、制度和技术措施来提高农业灌溉效率，从而减少农业用水量。

然而，也有部分学者认为农业水价的节水效果并不显著，如学者（Moore et al.，1994）利用美国西部4个地区5种农作物的时间序列数据，并基于多元产出模型估计了灌溉水价对农户农作物选择概率以及农作物需水的影响，结果表明，灌溉水价变动主要影响农户的种植选择，而对灌溉用水量影响不大。学者们分别应用不同的计量分析方法研究了农业水价政策的节水成效，他们普遍认为农业水价节水效果不高，除非水资源价格很高，才能对节水起到积极作用（Mamitimin et al.，2015；Huang et al.，2010；Wei et al.，2009）。而郭托平（2014）、李伊莎（2015）的研究也发现，农业水价高低对农户与供水单位的节水行为并没有显著影响。

总体来说，现有学者对农业水价能否起到节水效果，基本认同的是：如果水价过低，将无法积极调动农户节水的主动性，同时供水单位也难以通过现有的价格回收供水成本，导致灌溉设施年久失修，从而降低了水资源利用率，无法起到积极的节水作用。而较高的水价则会显著减少农业用水量，因此水价是否起到节水作用应取决于水价是否超过当地灌溉水的真实价值，只有水价超过灌溉用水的真实价值，农业水价才能对农户节水产生积极的节水效果。在研究领域，如一些学者的研究均表明水价过低是导致农户水资源利用效率低的重要因素，只有调高灌溉水价才能促进农户的节水行为，提高水资源的利用效率，充分发挥水价在水资源配置与管理中的积极作用（Johnson et al.，2001；刘静，2012；耿献辉等，2014；Varghese et al.，2013；王亚华，2013；王晓君等，2013）。刘莹等（2015）研究结果显示，在水价从较低水平慢慢提高的过程中，农业用水弹性会逐渐从无弹性变得非常敏感，农业用水量逐渐减少；而当水价上升到现行水价的3倍以后，用水弹性又开始恢复成低弹性。而牛坤玉（2010）基于黑龙江省某农场，定量评估了在不同的价格水平阶段，农户会选择多种节水行为，其研究结果表明当水价从0.04元/立方米提高到高于0.1元/立方米时，农户的节水行为会从减少灌溉用水，到采用节水技术，再到开采地下水和需水型农作物改为抗旱型农作物逐渐转变，定量分析了农业灌溉水价和农业用水量的关系。水利部调研组（2013）的调查报告也显示，我国的渠系水利用系数较低的原因并不是缺乏灌溉节水技术，而是由于水价过低，从而导致灌溉用水户普遍缺少节约用水的经济动力，肯定了较高的农业水价对节约农业用水的重要地位。

另外，为了弥补水价过高带来的对农民收入和粮食生产的负面影响，很多学者也提出要同时实行补贴政策来降低农户的经济成本（Yi et al.，2015；Wang et al.，2014；Huang et al.，2010）。目前，在中国河北省衡水市桃城区实行了"一提一补"农业水价模式，而实证中，一些学者也检验了收取高水价和同时实施资金补贴能确保实现节水和提高农民收入的双重目标（Chen et al.，2014；Wang et al.，2016），从而合理有效地发挥农业水价对节水的作用。

目前在水资源管理方面，水权交易市场机制已越来越受到国家管理层的重视。党的十八大以来，水权交易制度建设作为健全自然资源产权制度的重要组成部分和核心内容之一，被提高到支撑生态文明制度建设的战略高度。党的十八届三中全会提出要完善相关法律，推行水权交易制度；党的十八届五中全会也进一步明确提出要积极开展水权、排污权等交易试点。国家层面的一系列战略方针体现了我国水资源治理模式转向了"水权水市场"机制建设，水权市场再次成为我国资源环境研究领域的热点之一。

在水权交易对农业用水影响方面的研究中，一些国家和地区的水权交易实践已经证明水权交易市场的存在确实提高了水资源的配置效率，促进农业部门提高农业用水效率并最终减少农业用水量。如2003年，由于加州减少了自科罗拉多河的取水份额，圣迭戈市的水利主管机关便与加州最大的灌区签订了共享水源协议作为应对，每年按协议价格给付农民款项，以付费的方式激励农民节水，从而促使农业用水减少（严予若等，2017）。刘一明（2014）采用边际分析方法分析当水权可交易时，水价政策和水市场的存在将激励农户节约用水，减少灌溉用水量。屈内（Kuehne，2006）以南澳大利亚为例，介绍了水市场允许交易后带来的提高灌溉用水效率的经验。王等（Wang et al.，2017）基于内蒙古河套灌区的模拟模型显示，农业水权交易是促进水资源有效配置的合理方法。刘等（Liu et al.，2008）认为农户采用高效灌溉技术通常只是为了提高收益，如果不存在水权交易，即便采用高效灌溉技术减少了用水量，农户也会从心理上认为自己并没有充分享受到法定的用水权，从而促使他们继续消费掉这些节省下来的用水量，以创造更大的收益；而如果此时存在农业与其他行业间或者农户间的水权流转和交易，这部分减少的用水量可以在市场中获取收益，受到利益补偿机制的推动，会激励农户继续采用更加高效的灌溉技术，从而削弱农业用水回弹效应，产生最大的节水成效。也有很多学者验证了在气候变化对农业灌溉用水逐渐产生恶劣影响的背景下，积极发展水权交易市场是一个较好的缓解方法（Kahil et al.，2015；Calatrava and Garrido，2005；Gomez and Martinez，2006；Gohar and Ward，2010）。

然而，杨文光（2018）认为水权交易制度对农业部门节水影响不大，因为制度本身决定了农业灌溉用水水权交易的范围与交易规模，由于农业水权交易的期限较短，农户通过水权证持有的水权有结余时当年必须进行交易，闲置水资源则由流域水管部门无偿收回，因此水权的时效性导致农业水权交易竞争力弱，农业水权向二、三产业转移后不得再次转让，农业水权在流通市场的流动性差，从而导致农业灌溉用水权交易的范围有限，对农业部门影响不大。基于市场和产权理论提出需要运用水市场、水价、水权等经济手段来建立一种配套辅助机制，才能解决水权交易市场运行过程中产生的无效性问题，从而发挥好水权交易对优化配置水资源的作用（Zhang et al.，2013）。一些学者（Gomez-Limon and Riesgo，2004；Kuehne and Bjornlund，2006）认为，由于各地存在水资源禀赋、土壤、气候条件和灌溉水利设施的差异性，因此水权交易制度的最终节水成效往往和预期不符。

1.4.5 国内外研究评述

从技术进步指标测度研究、技术进步对资源环境的影响、回弹效应检验和调节对策研究四方面梳理现有的研究成果，能够为本文更好地深入研究灌溉技术进步的节水问题提供有意义的指导作用。但是，进一步总结国内外现有文献，可以发现在技术进步对资源环境的影响分析方面，现有文献大多围绕技术进步对能源、碳排放和其他污染物排放等方面展开研究，农业领域的相关研究较少，同时也缺乏系统性分析。因此本文在目前农业灌溉技术水平不高，政府大力提倡提高农业用水效率的政策背景下，就灌溉技术进步对农业节水的影响路径及调节对策进行实证分析。

（1）农业灌溉技术指标的界定较少考虑到地区间的技术异质性特征。目前在衡量农业灌溉技术水平方面，学术上普遍采用全要素农业用水效率进行度量，但其测度方法有待优化，现有文献多基于DEA模型或者SFA模型进行测度，但这些方法均假设所有测度单元位于统一生产前沿线下，并未充分考虑到全国各地区间在资源承载力、环境容量、发展基础方面存在的异质性特征，这将导致测度结果存在偏差，因此有必要在技术异质性视角下，全新测度农业灌溉用水效率指标。

（2）灌溉技术进步对农业节水的影响缺乏间接效应和回弹效应的影响分析。现有文献关于技术进步的农业节水研究主要体现在直接影响分析方面，缺乏其他影响路径的探讨。因此，一方面，有必要就灌溉技术进步对农业节水的间接影响路径展开探讨；另一方面，在能源领域，“回弹效应”的研究很普遍，其揭示了在技术进步促进能源节约的同时，可能也会出现能源消耗量的不降反升现象，而这类“回弹效应”研究在农业水领域，却很少涉及，因此也有必要在农业用水部门，系统测度其“回弹效应”大小，从而就灌溉技术进步对农业节水影响的作用机理分析方面，实现在“直接效应”“间接效应”和“回弹效应”三条影响路径下全面系统的理论和实证研究。

（3）农业节水调节对策的实证研究较少涉及农业水价和水权交易政策。现有文献在分析农业节水调节因素多围绕经济发展、自然条件、技术和社会因素展开，缺乏市场调控型政策对农业节水影响的相关实证研究。考虑到由市场形成的水价和可自由交易的水权市场能充分发挥市场化机制在水资源配置中的优化配置作用。因此，有必要从农业水价和水权交易这两类水资源稀缺性管理的市场化手段着手，研究这类市场调控型政策对农业节水的调节作用。

1.5 研究内容、方法与技术路线

1.5.1 研究内容

本研究在目前农业灌溉技术水平不高，以及政府大力提倡提高农业用水效率的政策背景下，通过梳理以往关于农业灌溉技术指标测度和灌溉技术进步对农业节水影响的文献基础上，探究灌溉技术进步对农业节水的影响路径及其调节对策。各章节内容安排及相互关系如下。

第一部分：基础分析（第1章）

第1章：绪论。主要介绍本文的研究背景和研究意义，评述国内外关于技术进步指标测度、技术进步对资源环境的影响及农业节水对策的研究动态，明确全文研究的目标及内容，阐述研究方法及技术路线图，剖析本研究的创新之处。

第二部分：理论研究（第2章、第3章）

第2章：核心概念界定和相关理论基础。首先，介绍技术创新、水资源管理、DEA效率测度等相关理论基础。其次，分别界定本研究中一些核心变量的含义，包括界定灌溉技术进步指标；明确农业用水的研究内涵；界定农业水"回弹效应"的理论机制和测算方法；界定技术层面上三类宏观农业政策的含义，以及管理层面上两类市场调控型水政策的含义。

第3章：灌溉技术进步对农业节水的作用机理分析。本章基于技术经济学和水资源经济学理论，剖析灌溉技术进步对农业节水影响路径及其调节对策的作用机理。首先，基于理论模型揭示灌溉技术进步会通过"直接效应"影响路径、"间接效应"影响路径和"回弹效应"影响路径对农业节水产生直接、间接和"回弹效应"影响；其次，基于技术创新理论剖析在技术层面上，R&D资金投入、教育技术培训和政府财政支持这三类宏观农业政策对直接和间接影响路径的调节作用影响机理，同时，基于价格机制和利益机制理论剖析在管理层面上，农业水价和水权交易这两类市场调控型水政策对"回弹效应"影响路径的调节作用影响机理。

第三部分：实证研究（第4~第8章）

第4章：农业灌溉用水效率指标测度。本章基于共同前沿理论框架，构建包含非期望产出的共同前沿SBM模型测度农业灌溉用水效率，以此表征农业灌溉技术指标，并借助测度结果分析农业灌溉技术水平现状及其发展趋势。

第5章：直接和间接效应的节水路径分析。本章借助中介效应检验思想，基于扩展的IPAT模型构建直接和间接效应影响模型检验灌溉技术进步是否会直接影响农业用水，以及是否会通过降低农业用水强度和调整农作物种植结构间接影响农业用水，并从全国和分区域视角估计灌溉技术进步对农业节水的直接效应影响系数和间接效应影响系数，从而揭示直接和间接影响路径的区域差异性。

第6章：农业水"回弹效应"测度。本章基于SBM-Malmquist指数和LMDI模型，实际测算了农业水回弹效应的大小，揭示地区间回弹效应的差异性，并从水资源禀赋和灌溉土地面积视角下挖掘产生回弹效应异质性的背后根源，从而探讨了"回弹效应"路径下灌溉技术进步对农业节水的影响程度。

第7章："回弹效应"视角下农业节水的调节对策分析。本章基于技术创新理论，剖析R&D资金投入、教育技术培训和政府财政支持这三类宏观农业政策在技术层面上的调节作用；同时考虑到市场化机制在水资源配置中能起到优化作用，本章研究农业水价和水权交易这两类市场调控型政策是如何经由价格机制和利益机制对农业节水产生调节作用，从而挖掘在技术创新和管理制度创新方面改善农业节水能力的政策建议。

第8章：水权交易机制对地区和农业节水效应的实证检验。本章基于渐进性双重差分方法实证评估了水权交易机制对地区和农业节水的影响。通过稳健性检验、随机选择假设检验和平行趋势检验验证了水权交易机制对试点地区的节水效应存在性，同时揭示了水权交易机制的作用机理和用水压力、可交易水量不同地区下的节水效应差异性。

第四部分：结论与展望（第9章）

第9章：结论与展望。对全文进行总结以及提出相关政策建议，并指出本文有待进一步深入研究的问题。

1.5.2 研究方法

本研究主要采用定性与定量分析相结合的方式进行理论分析与实证研究，明确研究的理论基础和逻辑机理，在理论分析的基础上开展实证研究，力求理论分析严谨、计量模型构架准确、与问题紧密切合、计算过程严谨、结果可信度高。具体研究方法如下。

（1）文献归纳法。通过搜集、梳理和归纳国内外相关文献，较为深刻地理解农业灌溉技术与农业节水之间的逻辑关系，并综述现有研究的不足和可改进之处，以此为突破口结合技术创新理论与水资源经济学理论等，推断出灌溉技术进步对农业节水的影响路径和调节机制，构建本文的理论框架和研究机理。

（2）DEA效率测度方法。DEA方法能够处理多投入多产出的效率测算问题，其包含多种距离函数测算方式，其中SBM模型由于能有效考虑松弛问题而被广泛采用。本文采用包含非期望产出的共同前沿SBM方法对农业灌溉用水效率进行测度，既能考虑到松弛变量问题，又能处理非期望产出的可处置性，还能处理地区技术异质性视角下的生产前沿问题，从而弥补了传统SFA模型和DEA模型自身的局限性，有利于得到合理的农业灌溉技术水平的测度结果。另外，基于共同前沿SBM模型，可以识别出无效率的核心成分，从而可以在"技术无效"和"管理无效"视角下深入剖析各地农业灌溉技术水平不高的真正根源。

（3）计量经济学方法。本研究主要分析的是农业节水的影响机制，因此需要构建一个基准模型，考虑到传统IPAT模型被广泛应用在资源环境领域，本研究将其进行扩展，使其能适用于农业部门，将传统的人口、人均GDP和技术水平三要素的分解模式替换为灌溉面积、亩均农业产出和农业灌溉技术三项的乘积，从而得到扩展的IPAT模型。并将该扩展模型经过面板单位根检验、协整检验和模型的稳健性检验等一系列计量经济学检验，最终可以作为一个稳健的用以分析农业节水影响因素的基准模型。

在扩展的IPAT基准模型基础上，基于中介效应检验思想，构建了灌溉技术进步对农业节水的“直接效应”和“间接效应”影响模型，通过回归其直接影响系数和间接影响系数检验直接和间接影响路径；另外，基于扩展的IPAT模型，通过构建政策类虚拟变量与灌溉技术交乘项的方法，检验不同类农业政策对农业节水的“调节机制”。

（4）指数分解法。本研究基于回弹效应的经济学概念，运用指数分解法中的LMDI模型将农业用水强度的驱动因素分解为技术进步效应和种植结构效应，同时基于SBM模型测度Malmquist指数，将其作为全要素生产率，并对此进行分解，从中提取技术进步对农业经济增长的贡献率，结合两种方法分别计算农业用水预期节约量和农业用水回弹量，从而最终确定回弹效应的数值。

（5）比较分析法。充分考虑到区域间的地区异质性，首先，在农业灌溉技术指标测度上，采用了技术异质视角下的测度方法，并从时间纵向和区域横向两个维度分析农业灌溉技术水平的差异性及其无效率来源分解；另外，在影响路径和调节机制的实证分析中，均从全国与分区域两个视角下，对其差异性进行剖析，通过地区间多角度的比较分析方法可以揭示事物发展的演变规律和不同层次上的差异性特征，从而能多方面展现灌溉技术进步对农业用水的影响机制。

1.5.3 技术路线

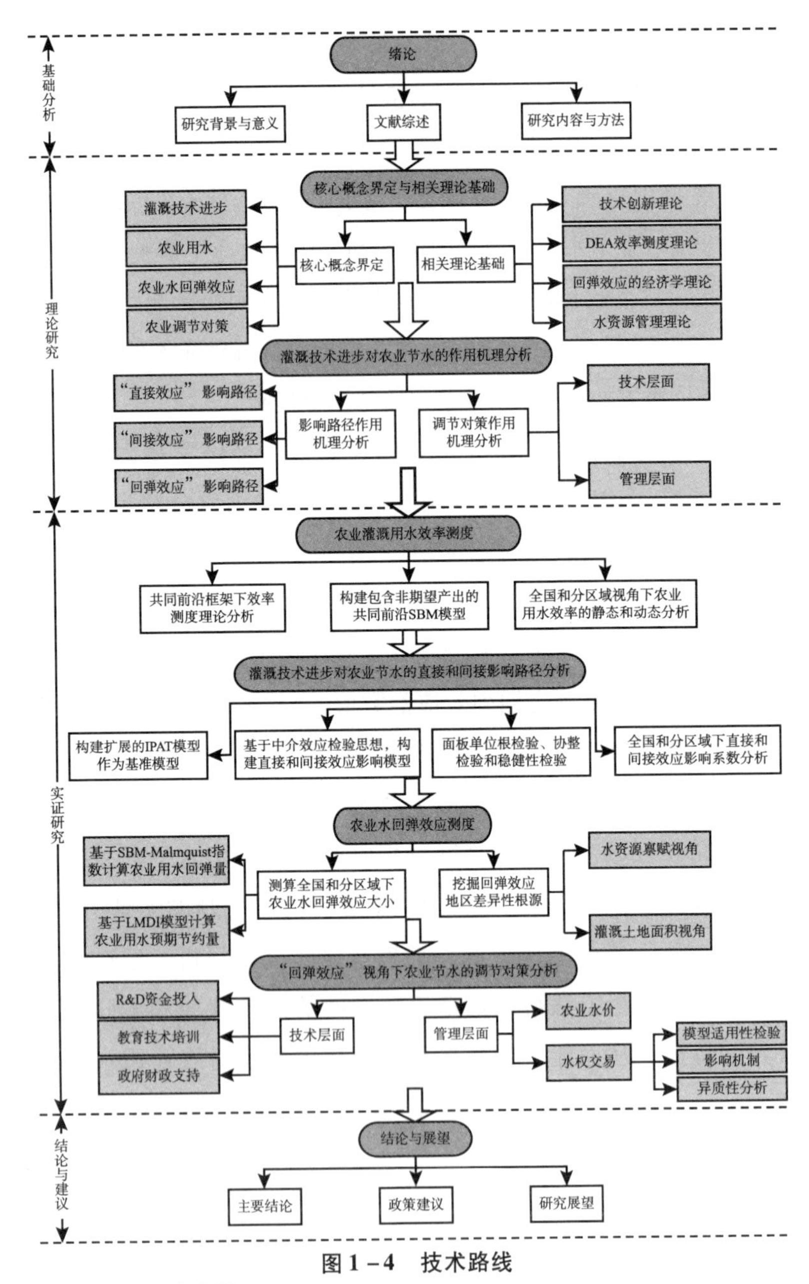

图1-4　技术路线

资料来源：笔者绘制。

1.6 主要创新点

本书主要创新体现在以下几点：

（1）构建了技术异质性视角下的农业灌溉技术指标测度模型。基于共同前沿理论框架，构建包含非期望产出的共同前沿SBM模型测度农业灌溉用水效率，以此表征灌溉技术指标，对现有文献未考虑地区差异性特征下的测度模型进行了优化。

（2）构建灌溉技术进步对农业节水的直接效应和间接效应影响模型。基于中介效应检验思想，通过扩展的IPAT模型构建灌溉技术进步对农业节水的直接、间接效应影响模型，并着重分析了技术进步可能会通过降低农业用水强度和调整农作物种植结构从而影响农业节水的间接影响路径，对现有文献仅关注直接影响路径的单一研究进行了拓展。

（3）将能源领域的“回弹效应”概念引入农业水资源领域，实证测算了农业水回弹效应。基于SBM-Malmquist指数和LMDI模型，测算了农业水回弹效应的大小，揭示地区间回弹效应的差异性，并从水资源禀赋和灌溉土地面积视角下挖掘产生回弹效应异质性的背后根源，对现有文献并未从“回弹效应”路径下分析灌溉技术进步对农业节水影响进行了拓展。

（4）实证检验了农业水价和水权交易政策对农业节水的调节作用。在价格影响机制和利益驱动机制的理论视角下，基于扩展的IPAT模型，通过构建政策类变量与灌溉技术交乘项的方法，实证检验了农业水价、水权交易政策这两类市场调控型政策在节水路径中所起的调节作用，对现有文献在研究农业水价和水权交易对农业节水的影响方面提供了全新的实证检验模型和方法。

第 2 章　核心概念界定和相关理论基础

2.1　核心概念界定

2.1.1　灌溉技术进步

技术进步作为一个经济学术语，在众多经济理论中被提及，技术经济学理论认为：技术进步通常是指技术在实现一定的目标过程中所取得的进化与革命，这里的目标指的是人们对技术应用所期望达到的实现程度。例如，对原有技术设备进行革新，或者开发创新出新技术、设备替代原有旧技术、旧设备，这就是技术进步。

从技术进步定义来看，分为“硬”技术进步和“软”技术进步，前者是狭义范畴上以科技创新为主的技术进步，主要表现为科技进步，即旧设备的改造、淘汰、新设备的使用等，包括技术进化与技术革命。当技术进步表现为对原有技术或技术体系的改革创新，或在原有技术原理或组织原则的范围内发明创造新技术和新的技术体系时，这种进步称为技术进化。而当技术进步表现为技术或技术体系发生质的变化时，就称为技术革命。后者则是以管理创新、制度创新等为主的技术进步，主要表现为技术效率。

二者统一考虑即为广义技术进步，指的是技术所涵盖的所有形式下知识的积累与完善改进。广义的技术进步是指从产出增长中扣除劳动力和资金投入数量增长的因素后，所有其他产生作用的因素之和，又称为全要素生产率。广义的技术进步的内涵由六类因素组成：一是资源配置的改善。资源经过优化配置后，可以在投入一定的情况下有更多的产出。二是生产要素的提高。人力资源素质的提高可以在人力资源数量一定的条件下提高产出水平。三是知识进步。基础科学的进展推动应用科学的发展，进而推动技术进步和生产率的提高。四是规模经济。在一定范围内，商品的成本将随企业规模的扩大而降低。五是政策的影响。六是管理水平。技术进步既需要发明、创造等硬技术，也需要管理技术、决策方法等软技术，因此广义的技术进步对技术进步的理解较为全面。

本章研究的灌溉技术进步是在宏观尺度的广义视角下，农业生产过程中水资源使用效率的提高程度，因此指的是农业水资源利用的广义技术进步。

另外，鉴于目前资源要素的技术进步测度指标通常采用生产技术效率来表征，用来度量在固定生产要素投入下实际生产能达到的最大产出程度，或者在固定产出条件下能实现的该资源要素的最小投入程度。因此农业灌溉技术进步可理解为：在农业生产过程中，水资源使用的生产技术效率（即农业水资源的投入产出效率）的提高程度，评价的是农业水资源使用效率的相对高低。

借鉴胡等（2006）提出的全要素生产框架，本文最终将农业灌溉技术水平定义为：农业灌溉用水的全要素生产技术效率，简称为“农业灌溉用水效率”。全要素农业灌溉用水效率指标，是指在新古典生产理论的框架下，将包含水资源、劳动力、资本的所有生产要素同时纳入效率的分析，考虑了水资源与其他生产资源之间的替代效应，其基本思路是：首先，定义生产可能性集；其次，利用各决策单元的投入产出数据构造出生产前沿边界函数；最后，分析各决策单元与生产前沿边界之间的关系，如果偏离生产前沿边界，则该决策单元的水资源没有得到充分使用，存在帕累托改进的空间。

具体而言，全要素农业灌溉用水效率指标是将农业灌溉用水作为农业生产的投入要素，在生产函数的基础上测算农业灌溉用水的全要素生产技术效率，其表示为在产出和其他要素投入不变的假设条件下，达到最优技术效率所需的潜在（最少）农业用水投入量与实际农业用水投入量的比值，是指技术充分有效、不存在任何效率损失条件下的灌溉用水量。具体计算公式如下：

$$AWE = \frac{EAW}{PAW} = \frac{PAW - RAW}{PAW} \tag{2-1}$$

式（2-1）中，AWE 表示农业灌溉用水效率；EAW 和 PAW 分别表示潜在（最少）的灌溉用水量和实际灌溉用水量；RAW 表示多余的灌溉用水量。

2.1.2 农业灌溉用水

水资源的定义大致上可以分为广义和狭义两类。广义水资源是指地球上一切形态的水，包括海洋水、陆地水、地表和地下水等一切潜在的可供人类利用的水资源。而狭义水资源则是指在一定技术条件下实际可开发利用的水资源，即在一定时期内，在维持水生态环境可持续发展的前提下，通过合理的工程措施可供一次性利用的最大河道外和地下取水量。由于狭义水资源是与人类经济社会直接相关并具有真正价值的那部分水资源，因此本文关注的是狭义水资源。

按照目前我国国民经济主要行业的划分依据，中国目前用水量包括工业用水、农业用水、生态用水和生活用水四大类。

农业用水指用于灌溉和农村牲畜的用水。它具有可控性、独立性、气候性，以及成本不确定性。农业灌溉用水量受用水水平、气候、土壤、作物、耕作方法、灌溉技术以及渠系利用系数等因素的影响，存在明显的地域差异。由于各地水源条件、作物品种、耕植面积不同，用水量也不尽相同。

按照来源的不同，农业用水又可分为灌溉水和天然水。其中，天然水主要来源于降雨和土壤潮湿灌溉水，是通过水利设施从江河湖泊中取得的水资源，由于天然水的供给难以人为控制，也很难对其作出可行的量化分析，因此本文研究的是农业灌溉水资源。

另外，按照部门内主要行业分类，农业用水包括林牧渔业用水和种植业灌溉用水。其中，种植业灌溉用水主要指的是种植粮食作物和经济作物的水田或水浇地灌溉用的水资源，一般占到农业用水量的90%左右，是农业用水的主体。因此考虑到数据的可得性和研究对象的统一性，本文中“农业灌溉用水”指的是种植业灌溉的狭义水资源。

2.1.3　农业水回弹效应

农业水回弹效应的概念引自能源回弹效应，能源回弹效应的基本含义为：技术进步会推动能源效率提高，减少能源消耗量；同时技术进步也会降低企业生产成本从而推动经济增长，导致能源需求增加，最终随着技术进步，减少的能源消耗量可能会被经济增长催生的能源增加量赶超，从而出现能源消耗量不降反而上升的态势，这种现象就称为能源回弹效应。

本书套用能源回弹效应的定义，将农业水回弹效应定义为：一方面，农业灌溉技术进步可能促使农业生产扩张，从而推动农业用水量增加；另一方面，灌溉技术进步促使农业用水量减少。增加的农业用水量抵消了部分灌溉技术进步导致的农业节水量，这种现象称为农业水回弹效应。

在日益严峻的气候变化背景下，解决快速增长的淡水需求是人类面临的最重大的挑战之一。灌溉农业是全球最大的水用户，提高灌溉效率势在必行。然而,由于“回弹效应”的存在,一些现代化的灌溉设施不一定能降低用水量。简而言之,当水生产率提高带来的需水量超过技术效率节省量时,就会对农业用水产生回弹效应,从而导致农业用水量增加。

图2-1简单描述了农业水回弹效应的定义,横轴和纵轴分别表示农业用水需求量和实际农业用水量,ε_0和ε_1($\varepsilon_1 > \varepsilon_0$)分别表示不同的灌溉技术水平。假设农业用水需求量初始状态为S_0,随着灌溉技术水平从ε_0提高到ε_1,在农业产出不扩张的假设下,农业用水量会从W_0减少到W_1,因此灌溉技术进步导致的预期减少那部分农业用水节约量为($W_0 - W_1$);同时灌溉技术进步会导致农户生产成本降低,出于追求利润的需求,农户可能会扩大农业生产,从而在一定程度上造成农业用水需求量增加,假设农业用水需求量从S_0增加到S_1,那么农业用水量将从W_1增加到W_2,这部分回弹的农业用水需求量为($W_2 - W_1$),而最终实际农业用水量将从W_0减少到W_2,实际农业用水改变量为($W_0 - W_2$)。

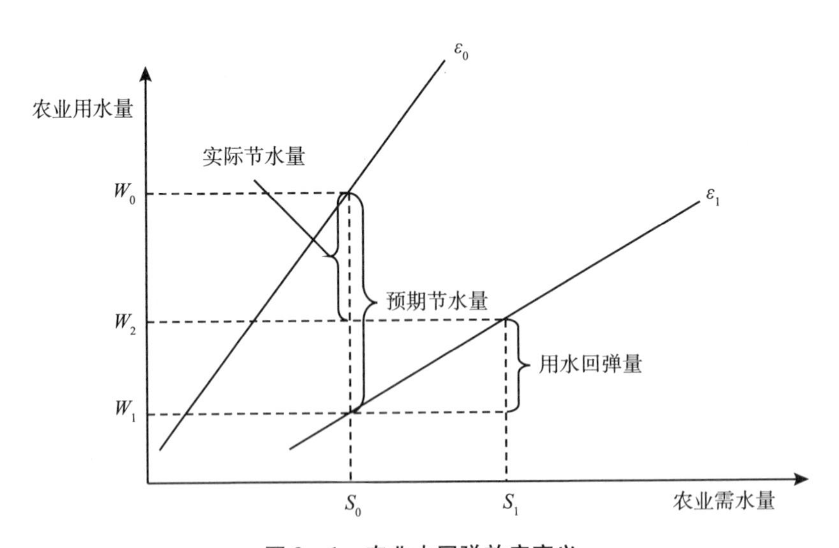

图2-1　农业水回弹效应定义

资料来源:笔者绘制。

依据图 2 - 1，基于计算公式（Berkhout et al.，2000），农业水回弹效应 RE 定义为：

$$RE = \frac{W_2 - W_1}{W_0 - W_1} \times 100\% \tag{2-2}$$

式（2 - 2）中，回弹的农业用水增加量（$W_2 - W_1$）表示由于农业产出扩张导致增加的那部分农业用水量，而预期的农业节水量（$W_0 - W_1$）表示在产出不扩张条件下，灌溉技术进步推动的农业用水节约量。

如果农业用水存在回弹效应，那么提高农业灌溉技术作为农业节水唯一政策的合理性就值得商榷，当回弹效应 $RE = 0$ 时，不存在农业用水的回弹需求量，灌溉技术进步产生了预期的节水成效。当 $0 < RE < 100\%$ 时，灌溉技术进步产生了一定的节水成效，但由于增加了一部分农业用水需求量，从而其影响程度低于预期效果；当 $RE > 100\%$ 时，产生了“回火”效应，意味着增加的那部分回弹需水量已经超过了节约的农业用水量，最终造成灌溉技术进步不仅不会降低农业用水量，反而会增加农业用水量，提高灌溉技术完全没有起到节水成效；当 $RE < 0$ 时，意味着灌溉技术进步的节水成效要好于预期，称为“超级节水”效应。

2.1.4　农业调节对策

考虑到灌溉技术进步对农业用水影响过程中可能会出现回弹效应，因此本文构建相关农业对策指标，分析其在技术和管理两层面上，推进灌溉技术进步实现预期节水效果方面的调节作用。主要涉及的农业调节对策包括两类：宏观农业政策和市场调控型水政策。

2.1.4.1　宏观农业政策

农业宏观调控是一般意义上的宏观调控在农业部门和领域中的特

殊体现，它是以政府作为主体，着眼于经济运行的全局，运用经济、法律和必要的行政手段，对农业资源的配置从宏观层次上所进行的调节和控制，以促使农业经济总量均衡，结构优化，要素合理流动，保证农业的持续、稳定、协调发展。农业宏观调控实质上是一种市场经济条件下的政府农业行为，是政府干预农业的一种表现形式。本书主要从研发资金投入、教育技术培训和政府财政支持三方面来分析宏观农业政策。

基于技术创新理论，技术改进主要来源于研发资金投入和人力资本水平。其中，研发资金投入是提高技术进步的物质和知识基础，对于农业部门而言，研发投入能够为农户获得新技术、设备和工艺，也能够促使农户更快地消化高新技术，从而推动整个农业生产环节的技术进步。

人力资本水平则是促使技术顺利快速转化为成果的有效保障。一方面，高教育水平的劳动力能更好地吸收先进技术，从而快速解决生产过程中出现的新问题和难问题，将理论应用于实践；另一方面，高素质劳动力能有效促进先进技术在各个农业生产地区的扩散和转移，从而促进整个农业部门的技术进步。在农业部门，人力资本水平的提高可以依托政府对农户进行教育技术培训来获得。教育技术培训借助于传授相关知识，有利于提高农户对技术特点和经济价值的了解程度，促使农户采用技术。此外，教育技术培训作为一个经验交流平台，通过个别成功农户的示范，也有利于提高农户对技术的信心，促进技术水平的提高。

在技术创新理论中，促进技术进步的核心因素除了研发资金投入和人力资本水平外，FDI 也会对提高技术水平起到积极作用。考虑到农业部门不同于工业部门，作为社会的基础性生产部门，政府对农业生产一直实行高度的财政支持，大量资金用于大型灌区续建配套和节水改造工程的建设，或者是对农机和生产资料等进行补贴等。而且农业部门可获投资的其他渠道较窄，政府在农业事务上的资金投入则是农业部门在技术研发上能获取的较为持续稳定的融资渠道，能保障农业灌溉技术创新的顺利有序进行，因此政府财政支持也是改善农业节水技术水平有力工具。

基于上述分析，本文从宏观角度构建研发（R&D）资金投入、教育技术培训和政府财政支持这三类农业政策，剖析这3个宏观农业政策在技术层面下，推进灌溉技术进步实现预期节水效果方面所起的调节作用。

2.1.4.2　市场调控型政策

依据水政策概念的界定（Feike and Henseler，2017），目前国际上广泛认可的水政策主要有两类：指令控制型政策和市场调控型政策。

（1）指令控制型政策指的是水权配额制度，其包含取水权配置和用水定额管理等手段，目的在于限制取水量，由于执行成本较低，对农户生产成本影响较小，因此是长期以来我国农业水资源配置采用的主要手段。

水权配置是对水资源使用权的分配，主要是为了保障水资源使用者能够通过法定的配置程序获得相应的水资源使用权，为了维护正常的供水秩序，保障生产、生活和基本建设等正常用水。用水定额指生产单位产品、提供单位服务或达到一定生活条件所用水资源限额，是水资源量化管理和实行用水效率控制的关键性指标。

（2）市场调控型政策，包含农业水价和水权交易等。其中，农业水价指的是对每消费的一单位水资源量收取确定额数的费用，被认为是激励农户采用更有效的技术措施或者转变种植结构（播种更省水的农作物）来促使节水的好方法（Chen et al.，2014）。然而，水需求是价格缺乏弹性的（Schierling et al.，2006），因此只有水价很高的地区，水价调整才会促使农户改变生产行为，从而对农业水需求产生积极的影响（Davidson and Hellegers，2011）。因此目前部分学者

（Wang et al.，2016）提出在农业水价改革中，需要实施资金补贴辅助政策才能真正实现水价的节水效果。

自党的十八大以来，水权制度建设作为健全自然资源产权制度的重要组成部分和核心内容之一，被提高到支撑生态文明制度建设战略高度。依据2016年水利部印发的《水权交易管理暂行办法》，水权交易是指：在合理界定和分配水资源使用权基础上，通过市场机制实现水资源使用权在地区间、流域间、流域上下游、行业间、用水户间流转的行为。包括三种类型：区域水权交易、取水权交易和灌溉用水户水权交易。其中，区域水权交易以现实水量转让为基础，一般发生在同一流域，或者具有跨流域调水条件的行政区域之间；取水权交易主要发生在同一地区不同行业之间，一般由工业投资建造供水工程，农业节水向工业提供必要水资源，从而产生水权转换；灌溉用水户水权交易是指已明确用水权益的灌溉用水户或用水组织之间的水权交易。

显然，水权交易作为另一种市场调控型政策，其本质是让水权可以在地区间和行业间自由流转和交易，这种可交易的水权作用机制的最终结果就是，水资源从边际产出较低的农业到单位用水的边际效益较高的工业、服务业等转移，实现了社会水资源利用价值的最大化。受水权交易价格的刺激，农户对于节水产生了强大的内在驱动力，由原来的被动节水转化为自主节水。因此，水权交易政策通过利益补偿机制，推动了取水权的流转，从而促进农民采取更加节水的技术，产生节水效果（Ward，2008）。

长期以来，我国农业水资源配置主要靠政府指令型控制，市场调控型政策的不够成熟导致我国水资源配置扭曲，利用效率低下。考虑到合理的农业水价和良好的水权交易市场能够倒逼农户形成集约型的生产方式，养成节约用水的习惯，促进农业的可持续发展。因此，为了实现农业节水的最终目的，政府文件《关于全面深化改革若干重大问题的决定》首次将水价改革和水权交易纳入农业节水型社会建设的范畴，突出了市场化政策工具作为经济激励杠杆在农业节水方面的重要地位和作用。鉴于此，结合实际背景，同时考虑到灌溉技术进步对农业用水可能存在回弹效应，本文提出在管理层面上的调节对策，即分析农业水价和水权交易这类市场调控型水政策在灌溉技术进步对农业节水影响过程中起的调节作用。

总体来看，R&D资金投入和教育技术培训分别以实物资本和高素质劳动者为载体，促进了技术进步的物质积累和成果转换进程，政府财政支持则成为农业节水技术创新能顺利开展的基础保障，三者共同作用，促进并调节了农业灌溉技术水平中的技术无效成分。而农业水价和水权交易政策彼此间互相影响，前者通过价格机制，后者通过利益机制共同推动水资源在全社会的优化配置，其在调节灌溉技术水平的管理无效方面所起的作用亦不能忽视。因此本文在技术和管理层面上，分别界定三类宏观农业政策和两类市场调控型水政策，并对其调节机理进行分析。

2.2 相关理论基础

2.2.1 技术创新理论

2.2.1.1 技术进步含义和分类

早在1977年，世界知识产权组织（WIPO）对技术进行了界定，技术是指产品从研发、加工到销售的整个过程中所运用的知识。经济学中的技术进步一般指为了实现一定目标，技术所取得的进化与革新，可分为硬技术进步和软技术进步。硬技术进步是指生产工艺和技能方面的改进，而软技术进步是指管理能力和制度创新。

按照熊彼特提出的"技术创新理论"，技术进步包含技术发明、技术创新和技术扩散三个环节。技术发明要么被应用并转化为实际价值，要么尚未被应用。前者称为技术创新。一旦技术创新取得了巨大利润，将对其他企业和部门产生扩散效应。技术发明、技术创新和技术扩散三者之间不断循环的过程被称为技术进步。

一般而言，技术进步分为狭义和广义的技术进步。狭义技术进步是指要素质量的改善，如效率改善或性能提高，具体表现为对旧设备的改造和采用新设备改进旧工艺，采用新工艺、新材料对原有产品进行改进，研究开发新产品提高工人的劳动技能等。广义技术进步，除了质量改善外，还包括资源配置、管理水平等一切因素的提高，是指技术所涵盖的各种形式知识的积累与改进。

2.2.1.2 技术进步的实现途径

在开放经济中，技术进步的途径主要有三个方面即技术创新、技术扩散、技术转移与引进。对于后发国家来说，工业化的赶超就是技术的赶超。根据当前的情况，后发国家技术赶超应该分为三个阶段：第一阶段以自由贸易和技术引进为主，主要通过引进技术，加速自己的技术进步，促进产业结构升级；第二阶段，技术引进与技术开发并重，实施适度的贸易保护，国家对资源进行重新配置，通过有选择的产业政策，打破发达国家的技术垄断，进一步提升产业结构；第三阶段，必须以技术的自主开发为主，面对的是新兴的高技术产业，国家主要通过产业政策，加强与发达国家跨国公司的合作与交流，占领产业制高点，获得先发优势和规模经济，将动态的比较优势与静态的比较优势结合起来，兼顾长期利益与短期利益，宏观平衡与微观效率，有效地配置资源，实现跨越式赶超。

(1) 自主创新。自主创新发展经济学概念。自主创新是以人为主体积极、主动、独立地发现、发明、创造的活动，以内容来划分包括自主科学创新与自主技术创新，以主体来划分包括个人自主创新、企业自主创新、国家自主创新、民族自主创新。自主创新是主体性的最高表现形式，是民族独立、国家发展的根本动力，创新精神是民族的灵魂。对于发展中国家而言，自主创新是实行赶超战略、后来居上、超越发展的根本途径。数字经济为发展中国家通过自主创新实现赶超提供了现实基础。

自主创新是相对于技术引进、模仿而言的一种创造活动，是指通过拥有自主知识产权的独特的核心技术以及在此基础上实现新产品的价值的过程。

自主创新包括原始创新、集成创新和引进技术再创新。自主创新成果，一般体现为新的科学发现以及拥有自主知识产权的技术、产品、品牌等。

自主创新包含技术研发和学习模仿等，其中，技术研发是指研发人员或机构通过使用必要材料和技术，结合适当方法，制订计划、开发调试，最终研发出更好的产品、技术和服务，使之更好地满足市场需求。学习模仿是指学习别的企业先进技术，模仿和创新，形成自身优势，提升技术水平。

（2）引进技术。引进技术是指一个国家的某一部门或企业，引进外国的技术知识和经验以及所必须附带的设备、仪器和器材，用来发展本国的生产和推动科学技术的进步。从国外引进技术包括：购买设计、流程、配方、设备制造图纸和工艺检验方法等技术资料；聘请专家指导，委托培训技术人员；与外国企业合作设计，合作制造产品；委托外国咨询公司或外国企业提供技术服务；由外国承包或同外国企业合作进行资源勘探、工程设计等。引进技术可以取得现成的、成熟的技术成果，不必重复别人已经做过的科研发展工作，从而缩短掌握应用同一技术的时间，赢得了速度，提高了投资的经济效益。

引进技术指通过贸易途径从国外获得发展我国国民经济和提高技术水平所需要的技术装备。引进方式有：许可证贸易（技术贸易）、生产线（包括成套设备）、单机（包括关键设备）、软硬件结合（同时引进技术和设备）和其他。

引进技术包含技术购买和技术溢出带来的传播效应，其中，购买现成的技术和设备是目前大多数发展中国家提升自身技术水平的关键手段。发展中国家经济发展起步较晚，技术水平距离发达国家差距较大，研发新产品和新技术的成本太高，故而引进发达国家成熟的先进技术，既可以快速缩小与发达国家的技术差距，也可以有效节约自身的研发支出。另外，技术往往具有极强的溢出效应，先进技术的所有者经常有意识或者无意识地传播他们研发出的新技术，因此行业内、行业间、国内和国际间经常发生技术溢出现象，从而低技术水平的企业能一定程度上从中获利，吸收到较为先进的技术水平。

2.2.2 水资源管理理论

水资源管理是指水资源开发利用的组织、协调、监督和调度。运用行政、法律、经济、技术和教育等手段，组织各种社会力量开发水利和防治水害；协调社会经济发展与水资源开发利用之间的关系，处理各地区、各部门之间的用水矛盾；监督、限制不合理的开发水资源和危害水资源的行为；制定水系统和水库工程的优化调度方案，科学分配水量。

水资源作为一种公共物品属性的产品，是建设节水型社会的关键所在。《中国21世纪议程》强调："要建立资源节约型经济体系，将水、土地、矿产等各种资源的管理纳入国民经济和社会发展计划，建立自然资源核算体系，运用市场机制和政府宏观调控相结合的手段，促进资源合理配置。"

水资源合理配置可以定义为：在一个特定流域或区域内，以有效、公平和可持续的原则，对有限的、不同形式的水资源，通过工程与非工程措施在各用水户之间进行的科学分配。

水资源的合理配置是由工程措施和非工程措施组成的综合体系实现的。基本功能涵盖两个方面：在需求方面通过调整产业结构、建设节水型社会并调整生产力布局，抑制需水增长势头，以适应较为不利的水资源条件；在供给方面协调各项竞争性用水，加强管理，并通过工程措施改变水资源的天然时空分布来适应生产力布局。两个方面相辅相成，以促进区域的可持续发展。

合理配置中的合理是反映在水资源分配中解决水资源供需矛盾、各类用水竞争、上下游左右岸协调、不同水利工程投资关系、经济与生态环境用水效益、当代社会与未来社会用水、各种水源相互转化等一系列复杂关系中相对公平的、可接受的水资源分配方案。合理配置是人们在对稀缺资源进行分配时的目标和愿望。一般而言，合理配置的结果对某一个体的效益或利益并不是最高最好的，但对整个资源分配体系来说，总体效益或利益是最高最好的。优化配置则是人们在寻找合理配置方案中所利的方法和手段。

水资源合理配置主要是通过政府宏观调控和市场化调节来完成。政府的作用主要在于通过提供完善的供水网络体系、健全的水法规制度、完备的供用水指标体系和实时的水信息体系做支撑，通过立法和法规制定水价、建立水交易市场、引导资金扶持等做保障，从而对水资源合理配置起到规范、引导、监督的作用，保证市场化机制合理有效运行。

而市场化机制则主要通过价格和水资源转让机制对水资源实现合理配置的目标。价格机制通过市场价格的波动、市场主体对利益的追求和市场供求的变化从而调节水资源的合理配置，其能调节资源生产和投资的方向与规模，也能调节资源需求的方向和结构。而水资源转让机制则是指在市场经济中，各个行为主体之间为着自身的利益而展开的经济行为，一个基于产权的水资源转让机制在利益机制的驱使下也可以保障有效的水资源利用，从而实现不同部门间水资源的合理流转，促使各部门用水效率提高的同时，实现节约用水的目标。

2.2.3 DEA 效率测度理论

数据包络分析（data envelopment analysis，DEA）是一种基于被评价对象间相对比较的非参数技术效率测度方法，是由美国的查恩斯（Charnes）、库伯（Cooper）和罗德（Rhodes）三人于1978年首次提出的一套理论方法和模型，因此后来将DEA的第一个模型命名为CCR模型。由于其适用范围广、理论相对简单，特别是在全要素框架下，测度多种投入产出的生产技术效率具有特殊的优势，因而被广泛应用于多个领域。

技术效率（简称效率）是指一个生产单元的生产过程达到该行业技术水平的程度，反映的是一个生产单元技术水平的高低。可以从投入和产出两个角度来衡量，即在投入给定的情况下，技术效率由产出最大化程度来衡量；或在产出给定的情况下，技术效率由投入最小化的程度来衡量。

技术效率可通过产出/投入的比值来定量的测量。当生产过程仅涉及一种投入和一种产出时，可以计算各生产单元的产出/投入比值，即每消耗一个单位的投入所生产的产品数量，用来反映各生产单元技术效率的高低。将各单元的产出/投入比值除以其中最大值，就可以将所有比值标准化为0～1的数值，其测算结果可以表征各单元的技术效率。

上述方法虽然简单，但仅适用于单投入单产出的情况，当生产过程涉及多种投入和多种产出时，无法直接计算单一的比值，此时需要对各种投入和产出指标赋予一定权重，然后计算加权产出/加权投入的比值，作为反映技术效率的指数，而DEA方法就是通过数据本身获得投入产出权重的一种理论。

假设有 m 种投入和 q 种产出，则加权投入表示为 $v = v_1x_1 + v_2x_2 + \cdots + v_mx_m$。

加权产出表示为 $u = u_1y_1 + u_2y_2 + \cdots + u_qy_q$。

对于如何确定反映各项投入和产出之间相对重要程度的权重系数。一种方法是采用固定的权重，例如通过专家咨询或研讨等主观的形式确定各项指标的权重；另一种方法是通过数据本身获得投入和产出的权重，数据包络分析就是采用这种方法。

早期的 DEA 效率测度模型主要指的是径向模型，包含投入导向和产出导向下，基于规模报酬不变的 CCR 模型和基于规模报酬可变的 BCC 模型，其无效改进方式为所有投入（产出）等比例的缩减（增加），属于径向距离函数。

DEA 将效率的测度对象称为决策单元（Decision Making Unit，DMU），DMU 可以是任何具有可测量的投入、产出（或输入、输出）的部门、单位，如厂商、学校、医院、项目执行单位（区域），也可以是个人，如教师、学生、医生等。DMU 之间须具有可比性。

查恩斯（Chames）、库伯（Cooper）和罗兹（Rhodes）3 人创立的第一个 DEA 模型，是基于规模报酬不变，其线性规划模型表示为：

$$\max \frac{\sum_{r=1}^{q} u_r y_{rk}}{\sum_{i=1}^{m} v_i x_{ik}}$$

$$\text{s.t.} \frac{\sum_{r=1}^{q} u_r y_{rj}}{\sum_{i=1}^{m} v_i x_{ij}} \leqslant 1$$

$$v \geqslant 0;\ u \geqslant 0 \quad i = 1, 2, \cdots, m;\ r = 1, 2, \cdots, q;\ j = 1, 2, \cdots, n \tag{2-3}$$

式（2-3）所示的 CCR 模型是非线性规划，并且存在无穷多个最优解。这一非线性规划模型的含义在于，在使所有 DMU 的效率值都不超过 1 的条件下，使被评价 DMU 的效率值最大化，因此模型确定的权重 u 和 v 是对被评价 DMU_k 最有利的。从这个意义上讲，CCR

模型是对被评价 DMU 的无效率状况做出的一种保守的估计，因为它采用的权重是最有利于被评价者的，采用其他任何权重得出的效率值都不会超过这组权重得出的效率值。

CCR 模型假设生产技术的规模报酬不变，或者虽然生产技术规模收益可变，但假设所有被评价 DMU 均处于最优生产规模阶段，即处于规模收益不变阶段。但实际生产中，许多生产单位并没有处于最优规模的生产状态，因此 CCR 模型得出的技术效率包含了规模效率的成分。1984 年，班克（Banker）、查恩斯和库伯 3 人提出了估计规模效率的 DEA 模型。这一方法的提出对于 DEA 理论方法具有重要的意义，在以后的文献中将此模型称为 BCC 模型。BCC 模型基于规模收益可变，得出的技术效率排除了规模效率的影响，因此称为"纯技术效率"。

BCC 模型是在 CCR 对偶模型的基础上增加了约束条件 $\sum_{j=1}^{n}\lambda_j = 1(\lambda \geqslant 0)$ 构成的，其作用是使投影点的生产规模与被评价 DMU 的生产规模处于同一水平。

$$\min \theta$$

$$\text{s. t. } \sum_{j=1}^{n}\lambda_j x_{ij} \leqslant \theta x_{ik}; \ \sum_{j=1}^{n}\lambda_j y_{rj} \leqslant y_{rk}; \ \sum_{j=1}^{n}\lambda_j \leqslant 1; \ \lambda \geqslant 0$$

$$i=1, 2, \cdots, m; \ r=1, 2, \cdots, q; \ j=1, 2, \cdots, n \qquad (2-4)$$

该 BCC 模型的对偶规划式为：

$$\max\left(\sum_{r=1}^{s}\mu_r y_{rk} - \mu_0\right)$$

$$\text{s. t. } \sum_{r=1}^{q}\mu_r y_{rj} - \sum_{i=1}^{m}v_i x_{ij} - \mu_0 \leqslant 0 \qquad \sum_{i=1}^{m}v_i x_{ik} = 1$$

$$v \geqslant 0; \ u \geqslant 0; \ u_0 \ free \ i=1, 2, \cdots, m; \ r=1, 2, \cdots, q; \ j=1, 2, \cdots, n$$

$$(2-5)$$

除此之外，常用的距离函数类型还有至前沿最远距离函数（SBM 模型）、至强有效前沿最近距离函数、方向距离函数、至弱有效前沿最近距离函数、混合距离函数等，本书是基于 SBM 模型测度效率。

在 SBM 模型中，考虑到无效决策单元的当前状态与强有效目标值之间的差距，除了等比例改进部分外，还应包括松弛改进部分，而这部分松弛改进部分在径向模型的效率测度中并未得到体现。因此，托恩（Tone，2001）提出了 SBM 模型：

$$\min \quad \rho = \frac{1 - \dfrac{1}{M}\sum_{m=1}^{M}\dfrac{s_m^-}{x_{m0}}}{1 + \dfrac{1}{R}\left(\sum_{r=1}^{R}\dfrac{s_r^+}{y_{r0}}\right)}$$

$$\begin{aligned} \text{s. t.}\ & X\lambda + s^- = x_0 \\ & Y\lambda - s^+ = y_0 \\ & \lambda,\ s^-,\ s^+ \geqslant 0 \end{aligned} \qquad (2-6)$$

其中，$x \in R^M$，$y \in R^R$ 分别为投入和产出变量，s_m^-，s_r^+ 分别表示投入和产出的松弛改变量，ρ 表示被评价决策单元的效率值，他可以同时从投入和产出两个角度来对无效率状况进行测量，因此也称为非导向模型。当且仅当 $s_0^- = 0$，$s_0^+ = 0$，也就是 $\rho = 1$ 时，决策单元是有效率的。当 $\rho < 1$ 时，表示决策单元是处于前沿面的下方，可以通过减少投入和降低产出来使决策单元到达有效率的前沿面。

在径向模型中，无效率用所有投入（产出）可以等比例缩减（增加）的程度来测量；而在 SBM 模型中，无效率则用各项投入（产出）可以缩减（增加）的平均比例来衡量。

SBM 模型的优点是解决了径向模型对无效率的测量没有包含松弛变量的问题，但 SBM 模型也存在明显的缺点。SBM 模型的目标函数是使效率值 ρ 最小化，也就是使投入和产出的无效率值最大化。从距离函数的角度去考虑，被评价 DMU 的投影点是前沿上距离被评价 DMU 最远的点，这是 SBM 模型的缺点和不合理之处。从被评价者的角度来看，希望以最短的路径达到前沿，SBM 模型提供的目标值显然与此相背。

SBM 模型目前被广泛应用于效率测度中，而且其后续也研发出与其他方法的结合模型，如加权 SBM 模型、调整 SBM 模型、共同前沿下 SBM 模型、方向性距离函数与 SBM 结合模型等。

2.2.4 回弹效应的经济学理论

2.2.4.1 回弹效应的经济学定义

回弹效应的概念最早是由杰文斯（Jevons，1866）提出，他认为采用更为有效的蒸汽技术和设备不仅会减少煤炭消耗，同时也会导致煤炭价格下降，从而造成煤炭需求的增加。在此之后，卡祖姆和布鲁克斯（Khazzoom，1980；Brookes，1990，2008）对回弹效应展开学术研究，开创了回弹效应研究的先河，后续学者将他们的研究称为"Khazzoom-Brookes"假说。依据该假说，回弹效应可定义为：由于技术进步会推动资源利用效率提高，从而节约资源消耗量，而同时技术进步也会促进经济增长，从而增加资源需求，这部分增加的资源需求量部分抵消了技术进步推动的资源减少量，这种现象称为"回弹效应"。

2.2.4.2 回弹效应的经济学原理

回弹效应产生的基本原理是经济学的消费者理论和生产者理论。从消费者视角来看，回弹效应（以能源消费为例）可以分为：替代效应和收入效应两方面。替代效应是指由于能源效率提高使能源相对于其他产品或服务变得更为廉价，从而产生替代作用，引起能源消费量的增加；而收入效应是指能源效率提高引起能源产品的相对价格下降，导致消费者的真实收入水平上升，出于最大化自身效用的追求，消费者会增加对能源和其他商品的需求，从而导致能源消费量的增加。

图 2－2 中横轴表示能源消费，纵轴表示其他产品或资源的消费，

当技术水平从 ε_0 提高到 ε_1（$\varepsilon_1 > \varepsilon_0$）时，能源商品的相对价格变低，使消费者的预算约束线从 b_0 移动到 b_1，两条无差异曲线与预算约束线的切点分别记为 A_1 和 A_3，也就意味着在能源效率提高前和提高后，消费者效用最大化的均衡点将从 A_1 移动到 A_3，那么能源消费的改变量 E_1E_3 表示的就是能源效率提高导致的能源消费改变的总效应。

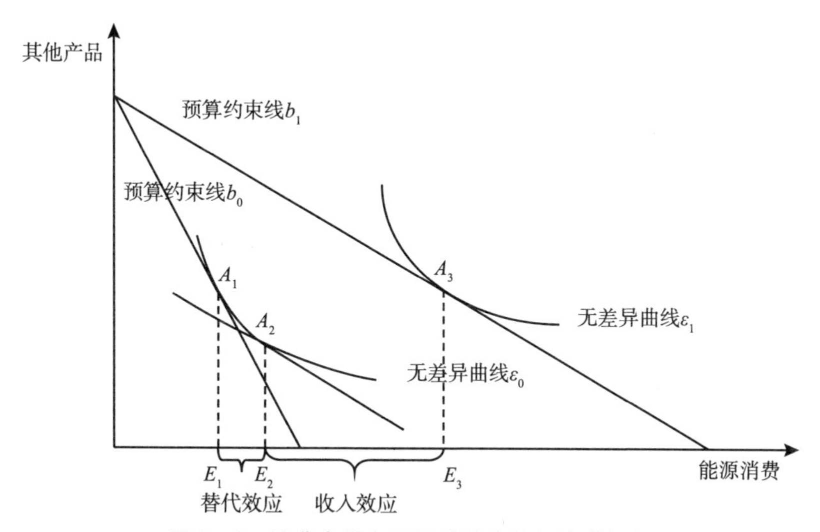

图 2-2　消费者视角下回弹效应的经济学解释

资料来源：笔者绘制。

其中，随着能源效率提高，能源产品相对价格下降，消费者在效用不变情况下产生了新均衡点 A_2，意味着消费者会选择消费更多的能源产品来替代其他产品消费，因此均衡点会从 A_1 移动到 A_2，增加的能源消费量 E_1E_2 称为“替代效应”。另外，由于能源相对价格变低会使得消费者的实际购买力增加，所以无差异曲线将从 ε_0 外推至 ε_1，在其他产品价格和消费者名义收入水平不变的情况下，产生的能源消费增加量 E_2E_3 称为“收入效应”，那么总效应由“替代效应”和“收入效应”构成。

从生产者视角来看，回弹效应可以分为“替代效应”和“产出效应”。替代效应是指生产者由于能源要素相对于其他生产要素变得更加便宜，从而产生能源要素替代资本、劳动等其他生产要素的现象；而产出效应是指能源要素的相对价格变低，降低了生产者的使用成本，因此出于利润最大化的需求，生产者会加大包括能源要素在内的所有生产要素的投入，从而提高产出，增加能源要素的需求量。

图2－3直观反映了生产者视角下回弹效应的经济学解释。当技术水平从 ε_0 提高到 $\varepsilon_1(\varepsilon_1>\varepsilon_0)$ 时，能源要素的相对价格变低，使生产者的等成本线从 c_0 移动到 c_1，两条等产量曲线与等成本线的切点分别记为 B_1 和 B_3，也就意味着在能源效率提高前和提高后，生产者利润最大化的均衡点将从 B_1 移动到 B_3，那么能源要素需求改变量 E_1E_3 表示的就是能源效率提高导致的能源消费改变的总效应。

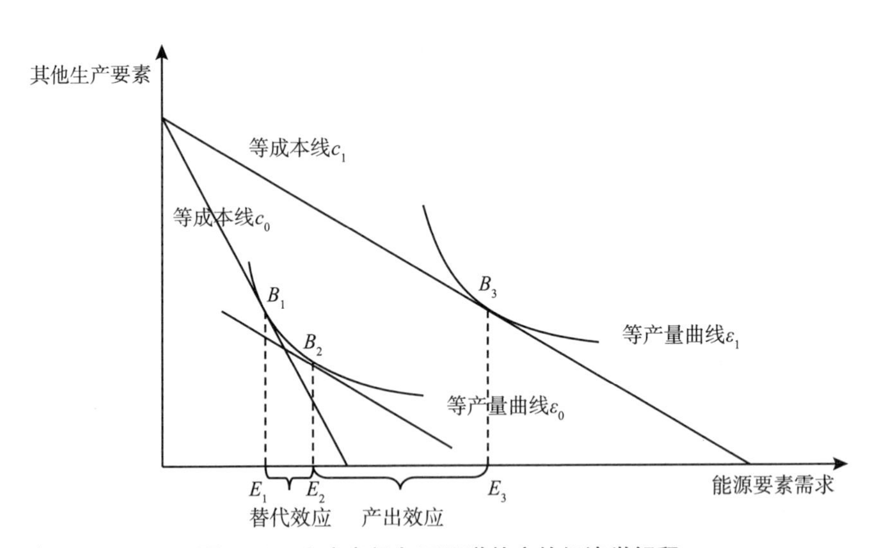

图2－3　生产者视角下回弹效应的经济学解释

资料来源：笔者绘制。

其中，随着能源效率提高，能源要素相对价格下降，生产者在利润不变情况下（即在同一条等产量曲线 ε_0 上），产生了新的均衡点

B_2，这就意味着生产者会选择购买更多的能源要素来替代其他生产要素，因此均衡点会从 B_1 移动到 B_2，增加的这部分能源要素需求量 E_1E_2 称为“替代效应”。另外，由于能源相对价格变低会使生产者的实际购买力增加，所以等产量曲线将从 ε_0 外推至 ε_1，在其他生产要素价格和生产者名义成本不变的情况下，增加的那部分能源要素投入量 E_2E_3 称为“产出效应”，那么总效应由“替代效应”和“产出效应”构成。

第3章　灌溉技术进步对农业节水的作用机理分析

在农业部门，灌溉技术进步会通过什么路径来实现节约用水的目的，在其影响路径中，又有什么因素能有效调节技术进步的节水效果？本章从影响路径和调节对策两方面，就灌溉技术进步对农业节水的作用机理进行剖析。首先，基于 Cobb-Douglas 生产函数和技术创新理论验证了“直接效应”“间接效应”影响路径的存在性；其次，基于经济学理论剖析“回弹效应”的作用机理；最后，从技术和管理两个层面上，分别基于技术创新理论和价格、利益驱动机制理论剖析三类宏观农业政策和两类市场调控型政策，在“回弹效应”路径下调节农业节水产生的作用机理。

3.1　直接和间接效应节水路径的作用机理分析

在影响路径的作用机理分析方面，本文首先在 Cobb-Douglas 生产函数的假说下，构建灌溉技术进步对农业节水直接效应、间接效应和回弹效应影响路径的作用机理分析模型，揭示影响路径的存在性；其次，在技术进步中性假说下，揭示技术进步会通过降低农业用水强度和调整农作物种植结构这两条路径，对农业节水产生“间接效应”影响路径；然后，基于“回弹效应”概念，揭示灌溉技术进步除了会直接和间接减少农业用水外，也会经由各种方式促使全社会对农业用水的需求发生改变，从而增加农业用水，产生“回弹效应”影响路径。灌溉技术进步对农业节水的三条影响路径和三类影响效应如图 3-1 所示。

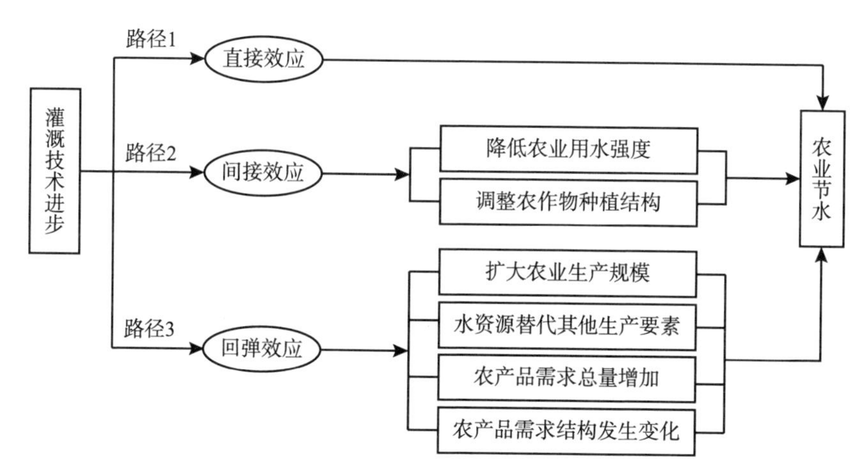

图 3-1　灌溉技术进步对农业节水的影响路径

资料来源：笔者绘制。

3.1.1　“直接效应”节水路径的作用机理分析

我们采用 Cobb-Douglas 生产函数作为农业部门生产函数，具体形式如下：

$$Y = AK^{\alpha}L^{\beta}W^{\gamma}X^{\delta} \tag{3-1}$$

其中，Y 表示农业经济产出；$A>0$ 表示技术进步水平，K 表示资本投入，L 表示劳动力投入，W 表示水资源投入，X 表示除了资本、劳动力和水资源外的其余资源要素投入。$0<\alpha$，β，r，$\delta<1$ 分别表示资本、劳动力、水资源和其余要素的产出弹性。

对式（3-1）取全微分，得到：

$$\mathrm{d}Y = \frac{\partial Y}{\partial A}\mathrm{d}A + \frac{\partial Y}{\partial K}\mathrm{d}K + \frac{\partial Y}{\partial L}\mathrm{d}L + \frac{\partial Y}{\partial W}\mathrm{d}W + \frac{\partial Y}{\partial X}\mathrm{d}X$$

$$=\frac{Y}{A}\mathrm{d}A+\alpha\frac{Y}{K}\mathrm{d}K+\beta\frac{Y}{L}\mathrm{d}L+\gamma\frac{Y}{W}\mathrm{d}W+\delta\frac{Y}{X}\mathrm{d}X \tag{3-2}$$

变换可得下式：

$$\frac{\mathrm{d}Y}{Y}=\frac{\mathrm{d}A}{A}+\alpha\frac{\mathrm{d}K}{K}+\beta\frac{\mathrm{d}L}{L}+\gamma\frac{\mathrm{d}W}{W}+\delta\frac{\mathrm{d}X}{X} \tag{3-3}$$

从而求得：

$$\frac{\mathrm{d}W}{W}=\frac{\frac{\mathrm{d}Y}{Y}-\frac{\mathrm{d}A}{A}-\alpha\frac{\mathrm{d}K}{K}-\beta\frac{\mathrm{d}L}{L}-\delta\frac{\mathrm{d}X}{X}}{\gamma} \tag{3-4}$$

从式（3-4）可以看出，当资本 K、劳动力 L 和其他资源要素投入不变时，即 $\mathrm{d}K/K=\mathrm{d}L/L=\mathrm{d}X/X=0$，农业用水量的改变仅取决于农业产出的增长 $\mathrm{d}Y/Y$ 和技术进步的改变 $\mathrm{d}A/A$，农业用水与农业产出正相关，与技术进步负相关。

当农业产出不变时，由式（3-4）可以看出，农业用水仅取决于技术进步水平，技术进步则农业用水量减少，技术退步则农业用水量增加，体现了灌溉技术进步对农业节水的"直接效应"影响路径。

3.1.2 "间接效应"节水路径的作用机理分析

考虑到技术进步对农业节水的影响可能经由多种间接途径，本研究将技术进步设定为一个多元函数，即 $A=A(A_1, A_2)$，其中 A_1 和 A_2 表示可能会间接影响到农业用水的因素，如农业用水强度和农作物种植结构。此时农业部门 C-D 生产函数可表示为：$Y=A(A_1, A_2)K^{\alpha}L^{\beta}W^{\gamma}X^{\delta}$，对该式求全微分，则有：

$$\begin{aligned}\mathrm{d}Y&=\frac{Y}{A}\mathrm{d}A+\alpha\frac{Y}{K}\mathrm{d}K+\beta\frac{Y}{L}\mathrm{d}L+\gamma\frac{Y}{W}\mathrm{d}W+\delta\frac{Y}{X}\mathrm{d}X\\&=\frac{Y}{A}\left(\frac{\partial A}{\partial A_1}\mathrm{d}A_1+\frac{\partial A}{\partial A_2}\mathrm{d}A_2\right)+\alpha\frac{Y}{K}\mathrm{d}K+\beta\frac{Y}{L}\mathrm{d}L+\gamma\frac{Y}{W}\mathrm{d}W+\delta\frac{Y}{X}\mathrm{d}X\end{aligned} \tag{3-5}$$

变换可得：

$$\frac{\mathrm{d}Y}{Y}=\left(\frac{\partial A/\partial A_1}{A/A_1}\frac{\mathrm{d}A_1}{A_1}+\frac{\partial A/\partial A_2}{A/A_2}\frac{\mathrm{d}A_2}{A_2}\right)+\alpha\frac{\mathrm{d}K}{K}+\beta\frac{\mathrm{d}L}{L}+\gamma\frac{\mathrm{d}W}{W}+\delta\frac{\mathrm{d}X}{X} \tag{3-6}$$

从而求得：

$$\frac{\mathrm{d}W}{W}=\frac{\frac{\mathrm{d}Y}{Y}-\frac{\partial A/\partial A_1}{A/A_1}\frac{\mathrm{d}A_1}{A_1}-\frac{\partial A/\partial A_2}{A/A_2}\frac{\mathrm{d}A_2}{A_2}-\alpha\frac{\mathrm{d}K}{K}-\beta\frac{\mathrm{d}L}{L}-\delta\frac{\mathrm{d}X}{X}}{\gamma} \tag{3-7}$$

其中，$\frac{\partial A/\partial A_1}{A/A_1}$和$\frac{\partial A/\partial A_2}{A/A_2}$分别表示两项间接影响因素对技术进步的影响。从式（3－7）可以看出，在其余生产要素投入不变，农业产出增长不变的假设下，农业用水会受到这两项间接因素增长率的影响：$\mathrm{d}A_1/A_1$ 和 $\mathrm{d}A_2/A_2$，也会受到这两项间接因素对技术进步的影响：$\frac{\partial A/\partial A_1}{A/A_1}$和$\frac{\partial A/\partial A_2}{A/A_2}$。由于这两项间接因素是经由改变技术进步函数的形式，从而对农业节水起到间接效应，因此此条路径称为灌溉技术进步对农业节水的“间接效应”影响路径。其间接影响因素则主要包含：降低农业用水强度和调整农作物种植结构，具体解释参考如下。

3.1.2.1　灌溉技术进步会降低农业用水强度

灌溉技术进步会改进生产工具，使机器设备的使用更加便捷、性能更加优越，或者产生新工艺和新设备，淘汰了原始高耗水、低产出的设备，使其在水资源有限的前提下扩张产出，从而促进水资源利用的合理化，减少浪费现象。

当技术进步中性时，农业生产函数满足：$f(tW, tO)=tf(W, O)$，意味着当技术发生了变化，水资源（W）与其他生产要素（O）的边际替代率并不会改变，从而使得水资源和其他生产要素的效率同步提高，在不改变各生产要素投入比例的情况下，会增加农业产出，从而提高单位用水的农业产量。当越来越多可提高农业用水效率的技术、设备和工艺投入到生产中时，就会使在相同产出下节约农业用水量，从而降低农业用水强度。

3.1.2.2 灌溉技术进步会调整农作物种植结构

技术作为生产力，其进步与发展都会导致各行业产品结构、产业结构等经济结构的重大变化和调整。在工业部门，历史上几次重大技术突破都伴随着产业结构的深刻变革，技术进步对产业结构的调整起到巨大的推动作用，而且也有众多学者验证了技术创新会促进产业结构和能源结构的优化调整，从而产生节能减排效果。

因此在农业部门，灌溉技术进步的产生同样会积极调整农作物播种结构，农户由播种高耗水、经济产出较小的农作物会逐渐转向播种低耗水、经济产出较高的农作物，从而最终调整农作物种植结构，减少了农业用水。

上述两条路径分别称为灌溉技术进步对农业节水的“直接效应”和“间接效应”影响路径。

3.2 “回弹效应”视角下农业节水路径的作用机理分析

基于式（3－4）可知，当农业产出增长时，农业用水的改变则取决于农业产出增长率与技术进步增长率的大小程度，当技术进步增长率超越农业产出增长率时，农业用水减少；而当农业产出增长率超越技术进步增长率时，则呈现出农业用水量不降反升的态势，说明技术进步除了会直接和间接减少农业用水量，也会经由需求改变而增加农业用水量，这条影响路径的作用机理取决于农业用水“回弹效应”的大小，我们称该条影响路径为“回弹效应”节水路径。图3－2具体呈现了回弹效应影响路径的作用机理。

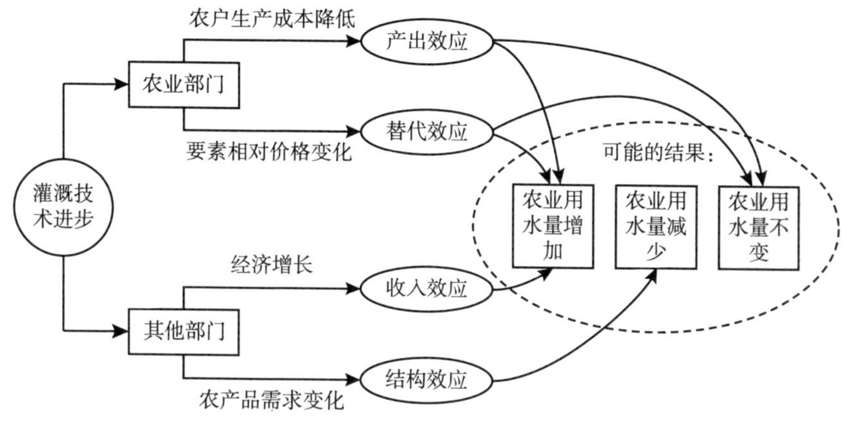

图3－2　“回弹效应”影响路径的作用机理

资料来源：笔者绘制。

如图3－2所示，随着农业灌溉技术水平的提高，农业生产部门将会直接受到影响。一方面，灌溉技术进步导致水资源的使用成本降低，在不增加其他要素投入的情况下，农户生产总成本降低，出于追求利润的需要，农民会加大农业生产，产生一定的“产出效应”，但是由于农业灌溉面积受限，短期内也无法随意扩张，因此“产出效应”可能增加农业用水量，也可能不变。另一方面，由于农业灌溉技术水平提高，使得水资源相对于其他资本、劳动力、机械等要素投入变得更加廉价，产生“替代效应”，从而造成农业用水量增加或者不变。

另外，农业作为基础部门，灌溉技术水平提高会在一定程度上促使社会全要素生产率提高，从而对整个社会部门产生溢出效应。一方面，社会全要素生产率提高会推动经济快速增长，全社会消费者的收入水平提高，从而产生“收入效应”，促使消费者对农产品需求的总量增加，引致农业用水量需求增加；另一方面，消费者收入水平提高会改变人们的消费层次，造成人们对农产品的需求结构发生转变，产生农产品的需求“结构效应”，即需求结构从低层次向绿色、有机等生态农产品转变，而生态产品相对传统农产品，农业耗水量偏低，从而造成农业用水量在减少。

显然，灌溉技术进步会促使全社会对农业用水量的需求产生“产出效应”“替代效应”“收入效应”和“结构效应”，从而造成农业用水量出现可能的三种情况：增加、不变或者减少，这就造成了农业水回弹效应的产生。而回弹效应的产生造成了农业用水量需求的改变，从而影响了灌溉技术进步对农业节水的作用程度，这条影响路径称为“回弹效应”影响路径。

3.3 调节对策的作用机理分析

灌溉技术进步会对农业节水经由“直接效应”“间接效应”和“回弹效应”路径产生影响，在不存在回弹效应的假设下，有些外在因素会对农业灌溉技术的无效成分产生积极的推动作用，因此可以从技术层面分析其农业节水的调节对策；另外，鉴于可能存在的回弹效应在一定程度上会导致灌溉技术进步的节水作用起不到预期成效，这就需要从管理制度角度进行调节。因此本文从技术和管理两层面上探讨调节对策。

3.3.1 技术层面上调节对策的作用机理分析

假设不存在回弹效应，在直接和间接效应影响路径上，依据技术创新理论，其认为在调节技术无效方面，需要政府发挥宏观调控作用，即通过加大技术创新投资力度，对农业采取财政支持，对农户进行教育培训投入等措施来积极提高节水效果。因此本文构建 R&D 资金投入、教育技术培训和政府财政支持这三类宏观农业政策，剖析这三类因素在灌溉技术进步对农业用水的影响路径上产生的调节作用。

在技术层面上，针对直接和间接影响路径的调节对策作用机理如图3-3所示：

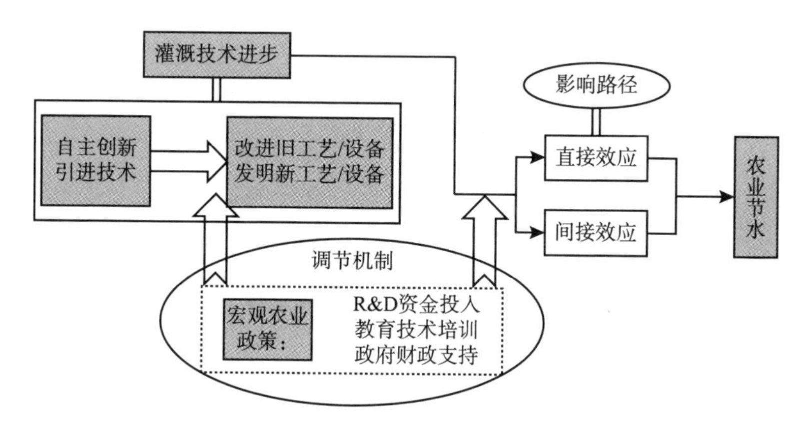

图3-3　技术层面上的调节对策作用机理

资料来源：笔者绘制。

3.3.1.1　R&D资金投入促进技术创新，节约水资源消耗

在自主创新和引进技术的方式下，会产生旧工艺/设备的改进，或者新工艺/设备的发明，这个过程产生了技术进步。依据技术创新理论，技术进步主要来源于研发投入和人力资本的生产。研究与开发活动（R&D）是技术创新的前期投入，是技术创新的物质和知识基础，相比于人力资本的投入，研发投入是推动技术进步的更为直接的途径。大量研究发现，研发经费和研发人员投入能够有效促进部门的技术水平提高（张海洋，2005；陈仲常等，2008）。

对于农业部门而言，研发资金投入一方面能够为农户获得新技术、设备和工艺；另一方面，研发投入能够加强农户消化吸收现有技术和资料的能力，从而促使农户更快地消化高新技术，将其转化为自身能力，从而推动农业部门整个生产环节的技术进步，减少农业用水量。

3.3.1.2 教育技术培训通过提高地区人力资本水平，从而推动技术进步，强化节水理念

在农业部门，政府对农户进行教育技术培训可以有效提高地区的人力资本水平，从而伴随着生产中劳动力受教育水平、文化素养以及生产技能等方面的进步。由于任何技术转化为成果都离不开劳动者本身，因此只有当劳动者的整体文化素养、生产技能与先进技术相匹配时，技术才能顺利地转化为成果，投入到生产中去。而且目前有很多学者也多角度验证了教育技术培训是推动技术进步的重要因素，与技术进步成正相关关系。

教育技术培训推动技术进步主要通过以下几个方面：一方面，培养的高素质、高教育水平的劳动力能更好地吸收先进技术，因此就能更好地解决生产过程中出现的新问题和难问题，能更快地将理论应用于实践；另一方面，受过教育培训的劳动力，其沟通交流能力较强，社会网络的自由流动会加速先进技术在各个农业生产地区的扩散和转移，从而促进整个农业部门的技术进步。另外，受过教育培训的劳动者更习惯节约资源和环境保护，其节约和环保意识更强，从而促使农业水资源利用更加趋于合理，最终减少农业用水量。

3.3.1.3 政府财政支持会促进农业生产的自主创新和引进技术，从而推动技术进步

中央和地方政府对地区农业生产实行财政支持，往往将资金用在大型灌区续建配套和节水改造工程的建设上，或者是对农机和生产资料等进行补贴，对农户进行精准补贴等。在碳减排领域，已有大量研究结果表明，政府的资金支持会是碳减排的一个十分有效的政策工具，政府财政支持能有效促进企业技术研发，并规避掉在一些技术创新过程中可能会碰到的风险和障碍（Hanson，2004；Tamazian et al.，2009；Linares，2009）。因此在农业技术研发和创新过程中，同样离

不开政府的资金和财政支持，这是技术创新工作能合理有效开展的关键所在。

另外，农业技术研发依赖于长期投资，短期内难以收回成本，由于利润回报率低，可获投资渠道窄，很难广泛得到社会部门的资金支持，因此就更加需要政府对水利基础设施投资、维护以及对农业生产进行补贴等，这是农业部门技术研发能获取的较为持续稳定的融资渠道，能保障农业灌溉技术创新的顺利有序进行，从而实现预期的节水效果。

根据技术创新理论的分析，技术进步主要来源于人力资本水平和 R&D 资金投入，R&D 资金投入以生产中的实物资本投入为载体，体现了生产中所使用的资本品技术水平，构成了技术进步的硬技术部分；以教育技术培训推动的地区人力资本水平则以劳动者为载体，体现了劳动者的素质和技能，构成了技术进步的软技术部分；而政府财政支持则成为农业灌溉技术创新能顺利开展的基础保障，三者共同促进，对农业灌溉技术水平的无效成分起到积极调节作用，并在灌溉技术进步对农业用水的直接和间接影响路径中起到一定的调节作用。

3.3.2　管理层面上调节对策的作用机理分析

由于灌溉技术进步可能造成农业水“回弹效应”，这就导致仅仅通过调节技术无效成分，将无法实现技术进步的预期节水效果。考虑到在目前可支配水资源严重短缺、新的水供给开辟空间有限的形势下，由市场形成的水价和可自由交易的水权市场能充分发挥市场化机制在水资源配置中的决定性作用，从而实现水资源在国民经济各部门间的优化配置。因此，本文从农业水价和水权交易这两类水资源稀缺性管理的市场化手段着手，研究市场调控型政策在管理制度层面上，对促进灌溉技术进步实现预期节水效果方面所起的调节作用。

市场是资源配置最有效的手段，从能源领域来看，世界上许多国家实行的市场化改革和建立完善的市场经济体制，都良好地促进了能源效率的改善和提高，减少了能源消耗。大量学者也认为市场制度不同于行政管制，一方面，能够带来确切的资源价格，使消费模式受到真正生产成本的影响；另一方面，市场机制下的公司更加注重市场份额、生产效率，也更推崇需求侧管理，由于存在市场机制下的经济效率压力，往往最终能实现提高资源利用效率和节约资源的目标。

价格作为市场化机制的核心，能有效诱发技术进步和技术创新，对资源节约起到积极促进作用。另外，当水资源明确价格并可在市场中自由交易时，水权人受利益驱动出让水资源使用权，从而刺激其通过技术创新、管理优化等手段节余尽可能多的水量。因此，农业水价和水权交易这类市场调控型农业政策会对技术进步的节水过程产生一定的调节作用，水价改革经由价格机制产生作用，而水权交易则由利益机制产生作用，其调节作用机理如图 3 – 4 所示。

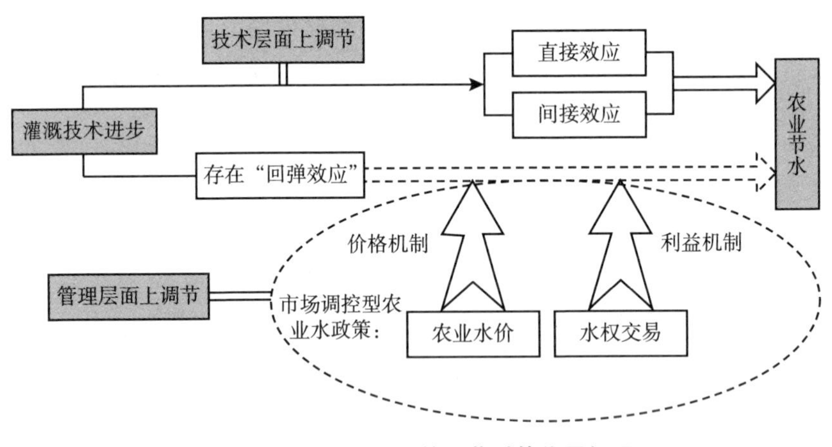

图 3 – 4　管理层面上的调节对策作用机理

资料来源：笔者绘制。

3.3.2.1　价格机制的影响机理

我国农业水价长期以来偏低，偏离市场正常运行既影响社会资本投资农业水利的积极性，也不利于节水。因此我国农业水价改革的根本目的是将农业水价调整到合理价格区域，建立“多用水多花钱，少用水少花钱，不用水得补贴”的水价形成机制，使水价能真正体现出农业水资源的使用价值，从而发挥价格杠杆作用，最终实现节约农业用水的目的。农业水价产生的“价格机制”原理分析如下：

假设农户是在完全竞争的要素市场上购买水资源（W）和其他生产要素（如资本K和劳动力L），在成本一定和产出最大的约束下，农户决定最优投入要素比例的必要条件是：

$$\frac{MP_{K(L)}}{MP_W}=\frac{P_{K(L)}}{P_W} \tag{3-8}$$

式（3－8）中，$MP_{K(L)}$、MP_W分别表示资本（劳动力）要素的边际产品和水资源要素的边际产品；$P_{K(L)}$、P_W分别表示资本（劳动力）价格和水资源价格。上式意味着最优要素配置取决于要素间边际产品和其价格的商，当水资源价格上升时，要满足式（3－8）的条件就是要么资本（劳动力）价格上升，要么水资源的边际产品增加，而依据要素边际替代率递减规律，减少水资源要素投入量就可以增加水资源的边际产品，因此在其他要素价格保持相对稳定条件下，水资源价格上升会减少水资源要素的消耗，从而减少农业用水量。

3.3.2.2　利益机制的影响机理

一方面，受水权交易市场价格的激励，农户产生了节水的内部驱动力，由原来的被动节水转化为主动节水；另一方面，由于农用水资源价格本身比较低，在水资源紧缺的情况下，在水权市场上的交易价格必然远远高于农业水价。农民用水户就可以获取两者之间差额所带来的额外经济利益。因此，水权交易政策通过利益补偿机制，推动了取水权流转，从而促进农民采取节水技术，产生节水效果。

水权交易的内在驱动力在于不同行业、不同地区间单位用水产出的边际收益存在差异性，因此水权交易通过水权在不同用水主体间的转移，促进了水资源在部门间配置不断优化，提高了全社会用水的经济效益，从而改善了部门的用水效率。水权交易产生的“利益机制”原理如图3－5所示。

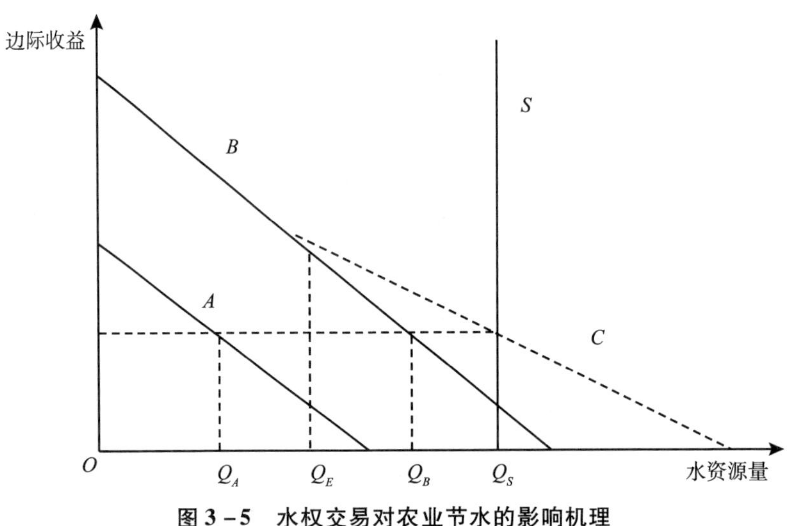

图3－5　水权交易对农业节水的影响机理

资料来源：笔者绘制。

图3－5中，曲线A、B分别表示农业和其他用水部门的边际收益曲线，由于农业部门相比工业和生活部门，其单位用水量带来的经济收益较低，因此在同一用水量处，A曲线低于B曲线。曲线C表示所有部门的边际收益曲线，由曲线A和曲线B叠加构成。竖线S表示预期的水资源总供给量，在一定时间范围内，假设其恒定不变为Q_s，在水资源价格不变的假设下，S曲线可理解为边际成本曲线，Q_A和Q_B分别表示农业部门和其他部门被分配的水资源量。

考虑两种情况，如果存在水权交易市场，那么可以按照社会所有部门的边际收益等于边际成本来分配各部门的用水量，即取曲线C（边际总收益）与边际成本线S相交点作为利益最大化下各部门用水量的分配额，其与部门A、B的边际收益曲线交点从而确定的Q_A和

Q_B 分别表示存在水权交易时，为使社会总收益达到最大化，农业部门和其他部门被分配的最优用水量。显然 $Q_A < Q_B$。如果不存在水权交易市场，那么按照平均分配的办法，此时部门 A、B 得到同样的用水量配额 $Q_E(Q_{E=}1/2Q_s)$，此时的社会总收益要低于存在水权交易时的总收益。

从两种情况下的分配额来看，$Q_A < Q_E < Q_B$，可见，水权交易是将水权从边际收益小的农业部门 A 流转给边际收益大的其他部门 B。农业部门由于用水配额减少导致产量减少的那部分损失，由其他部门给予一部分的利益补偿。因此，对于农业部门 A 而言，在利益驱动下，其会进一步提高农业灌溉技术水平，降低实际需水份额，从而增加可交易水量，实现主动意义上的节水效果。

3.4 本章小结

本章从影响路径和调节对策两方面，就灌溉技术进步对农业节水的作用机理进行剖析。首先，基于 Cobb-Douglas 生产函数验证了直接效应、间接效应和回弹效应影响路径的存在性；其次，在技术进步中性假说下，揭示灌溉技术进步会通过降低农业用水强度和调整农作物种植结构这两条间接路径，对农业节水产生影响的作用机理；再次，基于回弹效应概念，揭示灌溉技术进步除了会直接和间接减少农业用水外，也会经由产出效应、替代效应、收入效应和结构效应促使全社会对农业用水的需求发生改变，从而产生回弹效应影响路径，剖析其作用机理；最后，从技术和管理两个层面上，分别基于技术创新理论和价格、利益驱动机制理论剖析 R&D 资金投入、教育技术培训和政府财政支持这三类宏观农业政策和农业水价、水权交易这两类市场调控型政策，在调节灌溉技术进步实现农业节水效果方面产生的作用机理。

第4章　农业灌溉用水效率指标测度

考虑到农业灌溉技术指标的合理测度是后续研究的基础，因此本章对农业灌溉技术指标进行测度。鉴于目前在效率测度方面均采用统一生产前沿线，该假设并未充分考虑到全国各地区间在资源承载力、环境容量、发展基础方面存在的异质性特征，因此本章借助共同前沿理论框架进行测度。另外，考虑到农业生产过程中会产生农业 CO_2 和面源污染等污染物排放问题，本章将污染物排放纳入全要素生产效率测度模型，最终构建包含非期望产出的共同前沿 SBM 模型测度农业灌溉用水效率，以此表征灌溉技术进步指标，并借助测度结果分析农业灌溉技术进步现状和发展趋势，探究地区间灌溉技术进步的差异性程度和演变态势。

4.1　测度方法

4.1.1　共同前沿框架下全要素用水效率测度理论

灌溉技术进步定义为对原有农业灌溉节水设备进行革新，或者开发创新出新技术、设备替代原有旧技术、旧设备的过程，也包含管理和制度创新等，因此本文研究的是广义灌溉技术进步，指的是农业生

产过程中水资源使用效率的提高程度。基于前文的概念界定，农业灌溉技术指标被定义为：农业用水的全要素生产技术效率（简称农业灌溉用水效率）。

“农业灌溉用水效率”测度是在新古典生产理论的框架下，将劳动、资本等主要生产要素同时纳入生产技术框架中，充分考虑到水资源与其他生产资源之间的替代效应情形下，度量在产出和其他投入要素一定的条件下，达到最优技术效率所需的潜在（最少）农业用水投入量与实际农业用水投入量的比值（Hu et al.，2006）。其测算的基本思路为：首先，定义生产可能性集；其次，利用各决策单元的投入产出数据构造出统一生产前沿边界；最后，分析各决策单元与前沿生产边界之间的关系，如果偏离生产前沿边界，则该生产单位的水资源没有得到充分使用，效率较低。

目前，在测算农业灌溉用水效率时，往往没有充分考虑到地区间存在较大的农业生产条件差异性，因此如果采用统一生产前沿边界形式进行测算，结果必然会导致一定的偏误。针对这一现象，有学者提出共同前沿生产函数的分析框架（O’Donnell et al.，2008），其主要思想是：首先依据一定标准（技术类似的归为一组）将决策单元DMU 划分为不同的群组，然后采用 DEA 方法界定所有决策单元的共同前沿效率和各组决策单元的群组前沿效率，并将两者的比值设定为技术落差率（Technology Gap Ratio，TGR），用以衡量不同技术水平下的技术差距。

其中，求解共同前沿理论框架下的效率问题，DEA 模型中有多种距离函数可供选择，为清晰展示其基本原理，本章以径向调整距离函数为例，解释如何基于共同前沿理论来测度技术异质性下的效率问题（见图 4－1）。

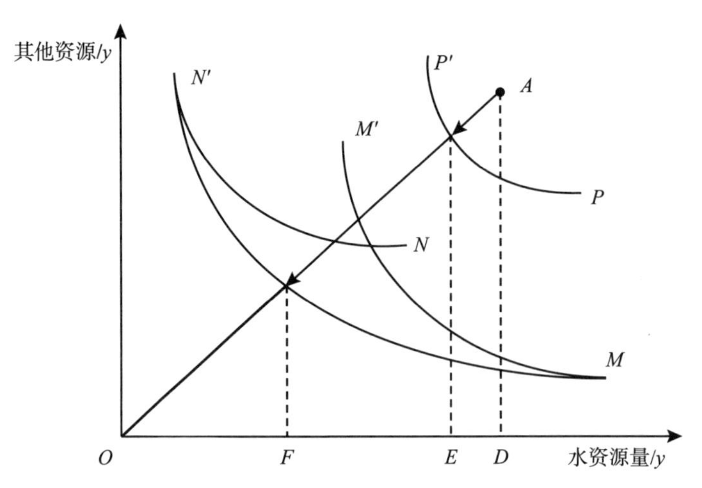

图 4-1　共同前沿理论框架下农业灌溉技术指标测度的基本含义

资料来源：笔者绘制。

图 4-1 中，假设有 7 个决策单元 DMU，分别记为 M，M'，N，N'，P，P'，A，有 2 种投入（水资源和其他资源投入）和 1 种产出 y，以单位产出消耗的两种投入分别记为横坐标和纵坐标，则各 DMU 可用上图来表示。考虑到 DMU 的技术异质性，我们将全体 DMU 分为 3 组，分别记为 1 组（包含 M，M'）、2 组（包含 N，N'）和 3 组（包含 P，P'，A），各组的生产前沿边界由各组在给定产出条件下，组内最小投入点的包络曲线构成，即各群组的生产前沿线分别为 $M-M'$，$N-N'$和 $P-P'$，而共同前沿下的生产前沿线则是所有群组生产前沿的包络线，记为 $M-N'$。

此时，在共同前沿理论框架下，测度 A 决策单元的效率，那么在径向调整假设下，群组前沿下效率为：$GOE=\overline{OE}/\overline{OD}$，共同前沿下效率为：$MOE=\overline{OF}/\overline{OD}$，分别表示的是无效率点 A 在面对和自身技术水平类似的组内决策单元时可改进的效率程度，和针对全体 DMU 时可改进的效率程度。技术落差率可表示为共同前沿和群组前沿下效率的商：$TGR=MOE/GOE$，表示的是每组 DMU 技术水平与最优技术水平的差异。

4.1.2 生产可能性集

设生产系统中有 N 个决策单元，M 个投入要素，R 个期望产出和 J 个非期望产出要素。设 $x \in R^M$，$y \in R^R$，$b \in R^J$ 分别为投入、期望产出和非期望产出要素，定义矩阵 $X = [x_1, \cdots, x_N] \in R^{M \times N}$，$Y = [y_1, \cdots, y_N] \in R^{R \times N}$，$B = [b_1, \cdots, b_N] \in R^{J \times N}$，假定 $X > 0$，$Y^g > 0$，$Y^b > 0$。假设将 N 个决策单元分为 H 个组别，在第 h 个组（$h = 1, 2, \cdots, H$）中包含 N^h 个决策单元，即 $\sum_{h=1}^{H} N^h = N$。

在全要素生产框架下构造生产可能性集，则第 h 组的群组前沿下生产可能性集 T^h 为：

$$T^h = \{(x, y, b) \mid x \text{ 能生产}(y, b)\}:$$

$$\begin{cases} \sum_{n=1}^{N} \lambda_n x_{mn} \leqslant x_m, \ m = 1, 2, \cdots, M \\ \sum_{n=1}^{N} \lambda_n y_{rn} \geqslant y_r, \ r = 1, 2, \cdots, R \\ \sum_{n=1}^{N} \lambda_n b_{jn} \leqslant b_j, \ j = 1, 2, \cdots, J \\ \lambda_n \geqslant 0, \ n = 1, 2, \cdots, N \end{cases} \tag{4-1}$$

共同前沿下的生产可能性集可作为群组前沿下生产可能性集的包络线 $T^{meta} = \{T^1 \cup T^2 \cup, \cdots, \cup T^H\}$，表示为：

$$T^{meta} = \{(x, y, b) \mid x \text{ 能生产}(y, b)\}:$$

$$\begin{cases} \sum_{h=1}^{H} \sum_{n=1}^{N^h} \lambda_n^h x_{mn} \leqslant x_m, \ m = 1, 2, \cdots, M \\ \sum_{h=1}^{H} \sum_{n=1}^{N^h} \lambda_n^h y_{rn} \geqslant y_r, \ r = 1, 2, \cdots, R \\ \sum_{h=1}^{H} \sum_{n=1}^{N^h} \lambda_n^h b_{jn} \leqslant b_j, \ j = 1, 2, \cdots, J \\ \lambda_n^h \geqslant 0, \ n = 1, 2, \cdots, N^h, \ h = 1, 2, \cdots, H \end{cases} \tag{4-2}$$

式（4－1）、式（4－2）中，λ_n，λ_n^h 分别表示群组前沿和共同前沿下相对于被评价 DMU 而重新构造的一个有效 DMU 组合中第 n 个 DMU 的组合比例。生产可能性集 T^h 和 T^{meta} 是具有凸性特征的有界闭集，且满足：①投入要素具有自由可处置性，即当 $x' \geqslant x$ 时，存在 $T(x) \subset T(x')$；②投入要素和期望产出具有强可处置性，即若其他条件不变，期望产出可多可少；③非期望产出具有弱可处置性与零结合性特征，即非期望产出总是伴随着期望产出同时出现。

4.1.3 包含非期望产出的共同前沿 SBM 测度模型

求解共同前沿理论框架下的效率问题，DEA 模型中可选择多种距离函数，如基于规模报酬不变的 CCR 模型、基于规模报酬可变的 BCC 模型以及方向性距离函数 DDF 等，但这些距离函数均不能很好地考虑松弛性问题。而 SBM 模型（slack based measure，SBM）可直接将松弛改变量引入目标函数中，解决了投入产出的松弛性和径向、角度选择的偏差问题，因此本文采用学者（Zhang et al.，2015）的研究结果，基于 SBM 方法构建共同前沿和群组前沿下的效率测度模型，以此界定不同前沿下农业用水效率指标，并确定技术落差率，这种方法由于考虑了地区间技术异质性，并且同时考虑了所有投入、期望产出和非期望产出的松弛改变量，因此测度结果更为符合真实情况。

本书采用包含非期望产出的 SBM 模型构建共同前沿和群组前沿下的效率测度模型，基于群组前沿和共同前沿下生产可能性集式（4－1）和式（4－2），第 h 组（$h=1,2,\cdots,H$）的群组前沿 SBM 模型可表示为：

$$\rho^h = \min \frac{1 - \frac{1}{M}\sum_{m=1}^{M}\frac{s_{m0}^x}{x_{m0}}}{1 + \frac{1}{R+J}\left(\sum_{r=1}^{R}\frac{s_{r0}^y}{y_{r0}} + \sum_{j=1}^{J}\frac{s_{j0}^b}{b_{j0}}\right)}$$

$$
\begin{aligned}
\text{s. t.} \quad & \sum_{n=1}^{N^h} \lambda_n x_{mn} + s_{m0}^x = x_{m0} \\
& \sum_{n=1}^{N^h} \lambda_n y_{rn} - s_{r0}^y = y_{r0} \\
& \sum_{n=1}^{N^h} \lambda_n b_{jn} + s_{j0}^b = b_{j0} \\
& \lambda_n,\ s_{m0}^x,\ s_{r0}^y,\ s_{j0}^b \geqslant 0
\end{aligned} \tag{4-3}
$$

共同前沿 SBM 模型可定义为：

$$
\rho^{meta} = \min \frac{1 - \dfrac{1}{M}\displaystyle\sum_{m=1}^{M} \frac{s_{m0}^x}{x_{m0}}}{1 + \dfrac{1}{R+J}\left(\displaystyle\sum_{r=1}^{R} \frac{s_{r0}^y}{y_{r0}} + \sum_{j=1}^{J} \frac{s_{j0}^b}{b_{j0}}\right)}
$$

$$
\begin{aligned}
\text{s. t.} \quad & \sum_{h=1}^{H} \sum_{n=1}^{N^h} \lambda_n^h x_{mn} + s_{m0}^x = x_{m0} \\
& \sum_{h=1}^{H} \sum_{n=1}^{N^h} \lambda_n^h y_{rn} - s_{r0}^y = y_{r0} \\
& \sum_{h=1}^{H} \sum_{n=1}^{N^h} \lambda_n^h b_{jn} + s_{j0}^b = b_{j0} \\
& \lambda_n^h,\ s_{m0}^x,\ s_{r0}^y,\ s_{j0}^b \geqslant 0
\end{aligned} \tag{4-4}
$$

其中，s_{m0}^x，s_{r0}^y，s_{j0}^b分别表示投入、期望产出和非期望产出的松弛改变量，当且仅当 $s_{m0}^x=0$，$s_{r0}^y=0$，$s_{j0}^b=0$，也就是$\rho=1$时，表示决策单元处于前沿面上，是有效率的。当$\rho<1$时，表示决策单元是处于前沿面下方，可以通过减少投入、扩大期望产出或降低非期望产出来使决策单元到达有效率的前沿面。

4.1.4 农业灌溉用水效率和技术落差率指标

本书基于全要素生产率的用水效率测度思路，将农业灌溉用水效率（*AWE*）界定为：达到最优技术效率所需的潜在（最少）农业灌溉用水投入量与实际农业灌溉用水投入量的比值，将共同前沿和群组前沿下农业灌溉用水的松弛变量分别记作 RAW^{s-} 和 RAW_h^{s-}，实际农业灌溉用水投入量记作 PAW，则共同前沿下农业灌溉用水效率为：

$$AWE^{MOE} = (PAW - RAW^{s-})/PAW \tag{4-5}$$

第 h 组的群组前沿下农业灌溉用水效率为：

$$AWE_h^{GOE} = (PAW - RAW_h^{s-})/PAW, \ h = 1, \cdots, H \ (H\text{为划分的群组数}) \tag{4-6}$$

其中，群组前沿和共同前沿下农业灌溉用水松弛变量 RAW_h^{s-} 和 RAW^{s-} 分别来自于上式（4-3）、式（4-4）模型中水资源投入要素的松弛改变量的测算结果。

定义技术落差率为：

$$TGR = AWE^{MOE}/AWE_h^{GOE} \tag{4-7}$$

共同前沿框架下的技术落差率（TGR）等于共同前沿效率和群组前沿效率的比值，其值反映了群组前沿与共同前沿技术水平之间的差距（Chiu，2012），介于 0～1 之间。TGR 越大，表示实际利用的生产技术越接近潜在（最优）的生产技术水平；TGR 越小，表示实际利用的生产技术离潜在（最优）的技术水平越远。

尽管 TGR 指标可分析各个地区的农业灌溉用水效率与潜在最优农业灌溉用水效率之间的差距，但无法判断不同地区农业灌溉用水效率差异的真正原因，给政策的制定与实施带来困难。为了更好地挖掘各个地区农业灌溉用水效率提升的推动和制约因素，本书进一步将共同前沿下各省区的农业灌溉用水无效率（AWE^{TOI}）分解为技术无效率（AWE^{TI}）与管理无效率（AWE^{MI}），分别表示为：

$$\begin{aligned} AWE^{TI} &= AWE_h^{GOE} \times (1 - TGR) = AWE_h^{GOE} - AWE^{MOE} \\ AWE^{MI} &= 1 - AWE_h^{GOE} \\ AWE^{TOI} &= AWE^{TI} + AWE^{MI} = 1 - AWE^{MOE} \end{aligned} \tag{4-8}$$

其中，AWE^{TI}是不同地区生产技术差异导致的无效率；AWE^{MI}是某地区在一定的技术水平下由于内部管理水平不当导致的无效率。通过这种分解可以进一步分析不同省区农业灌溉用水效率提升的制约因素，为科学制定共同而有区别的节水调控政策提供理论依据。

4.2 指标设定与样本选取

本节基于共同前沿下的非期望产出 SBM 模型测算全国 30 个省（区、市）1998～2016 年农业用水效率，其投入和期望产出指标分别参考学者们对农业用水效率的研究（Kaneko et al.，2004；王晓娟等，2005；刘渝等，2007；佟金萍等，2015；刘燕妮，2012），同时对数据进行了补充更新。

非期望产出指标从两方面来进行度量，包含农业 CO_2 和面源污染两项指标。其中，农业 CO_2 指标参考李波等（2004）对农业碳排放的计算，其认为农业生产过程中的碳排放总量主要来源于化肥、农药、农膜、柴油、翻耕和灌溉等，计算公式为：$F = \sum F_i = T_i \times \sigma_i$。其中，$F$ 为农业生产过程中的碳排放总量；F_i 为各种碳源的碳排放量；T_i 为化肥、农药、农膜、柴油的消耗量或翻耕、灌溉的面积；σ_i 为各类农业碳源的排放系数，每千克碳排放包含化肥排放系数为 0.8956 千克、农药为 4.9341 千克、农膜为 5.18 千克、柴油为 0.5927 千克，每平方千米翻耕面积包含碳排放 312.6 千克、每平方千米农业灌溉面积包含碳排放 25 千克（赵连阁和王学渊；2010）。

而农业面源污染是目前造成农业污染排放的主要因素之一，其是指在农业生产活动中氮素、磷素等营养物质、农药以及其他有机或无机污染物质通过农田的地表径流和农田渗漏形成的环境污染，主要包括化肥、农药和农膜的残留污染，本书借鉴王宝义等（2016）的计算方法，将化肥氮磷流失量、农药无效使用量、农膜残留量表征面源污染水平，其中，化肥污染量 = 化肥施用量 ×（1 - 化肥利用率）= 化肥施用量 ×65%（朱兆良，2000），农药污染量 = 农药使用量 ×50%（江孝绰，1993），农膜残留量 = 农膜使用量 × 10%（成振华，2011）。同时参考王等（2014）的方法，选用改进的熵值法将化肥污染量、农药污染量及地膜污染量综合成一个指标表征农业面源污染。

本节所用原始数据均来自《中国统计年鉴》《中国农村统计年鉴》，所有经济指标均以 1998 年为基期进行了调整。数据选取如表 4 - 1 所示。

表 4 - 1　投入产出指标及选取依据

	指标	选取依据	数据来源
投入指标	农业用水量	农业用水量（亿立方米）	《中国统计年鉴》
	劳动力投入	农林牧渔就业人数（万人）	《中国农村统计年鉴》
	土地投入	有效灌溉面积（千公顷）	《中国统计年鉴》
	技术投入	农业机械总动力（万千瓦） 农用化肥施用量（万吨）	《中国农村统计年鉴》
产出指标	期望产出	根据郭军华（2009）的研究思路，本书选取农、林、牧、渔业总产值（亿元）表示农业期望产出指标	《中国统计年鉴》
	非期望产出	农业 CO_2（万吨） 农业面源污染（万吨）	《中国农村统计年鉴》

资料来源：笔者整理。

4.3 组别划分

如何划分组群是本书的一个重要问题，选择划分标准关键是要保证组群内各省份农业用水技术水平是相同或相似的，而组群间农业用水技术水平则应呈现明显异质性。因此本节参考王和赵（Wang and Zhao，2008）的研究，并依据《全国农业可持续发展规划（2015—

2030)》，针对中国农业资源承载力、生态类型和发展基础等因素的地区差异性，将全国划分为优化发展区、适度发展区和保护发展区，其中，适度发展区和保护发展区归为一类，称为适度保护区。并将全国所有省（区、市）划分为西南地区（四川省、云南省、贵州省、重庆市、广西壮族自治区）、西北地区（宁夏回族自治区、内蒙古自治区、山西省、陕西省、青海省、甘肃省、新疆维吾尔自治区）、黄河流域（北京市、河北省、河南省、山东省、天津市）、长江流域（上海市、湖北省、湖南省、江西省、安徽省、浙江省、江苏省）、东南沿海地区（福建省、广东省、海南省）和东北地区（吉林省、辽宁省、黑龙江省）六大区域。具体分组如表4－2所示。

表4－2　农业可持续发展分区情况

组别	分区域	包含的省（区、市）
优化发展区	黄河流域	北京、河北、河南、山东、天津
	东北地区	吉林、辽宁、黑龙江
	长江流域	上海、湖北、湖南、江西、安徽、浙江、江苏
	东南沿海地区	福建、广东、海南
适度保护区	西南地区	四川、云南、贵州、重庆、广西
	西北地区	宁夏、内蒙古、山西、陕西、青海、甘肃、新疆

注：划分依据参考农业部2015年发布的《全国农业可持续发展规划（2015—2030)》。
资料来源：笔者整理。

按照不同发展模式进行分组，得到各发展区下投入产出变量的描述性统计结果如表4－3所示。从表4－3可以看出，在投入变量（劳动力、技术、土地、农业用水）和产出变量（期望产出、非期望产出）方面，优化发展区的均值都明显高于适度保护区，表明三大发展模式组别之间存在明显差异，由此说明以发展模式作为组别划分依据具有合理性。

表 4－3　不同发展模式组别划分下各投入产出变量的描述性统计结果

均值	劳动力（万人）	机械总动力（万千瓦）	化肥施用量（万吨）	有效灌溉面积（万公顷）
优化发展区	1 011.17	3 175.98	199.22	221.60
适度保护区	903.53	1 637.79	119.69	147.63
均值	农业用水（亿立方米）	总产值（亿元）	农业 CO_2（万吨）	农业面源污染（万吨）
优化发展区	129.68	1 379.72	297.22	41.51
适度保护区	101.77	717.93	168.87	24.67

资料来源：笔者依据表 4－1 数据计算得到。

4.4　实证分析

4.4.1　农业灌溉用水效率的静态分析

表 4－4 是在共同前沿和群组前沿下 1998～2016 年我国 30 个省（区、市）农业灌溉用水效率的测算结果。可以看出，我国农业灌溉用水效率整体水平偏低，从全国范围来看，效率最高的依次有重庆市、上海市、青海省、北京市、四川省，效率最低的则有新疆维吾尔自治区、黑龙江省、甘肃省和宁夏回族自治区等，区域间差异性比较明显。

表 4－4　中国各省区不同前沿下灌溉用水效率及技术落差比率历年均值

优化发展区	MOE	GOE	*TGR*	适度保护区	MOE	GOE	*TGR*
北京	0.746	0.746	1	山西	0.565	0.623	0.920
天津	0.502	0.502	1	内蒙古	0.237	0.444	0.640
河北	0.545	0.545	1	广西	0.247	0.266	0.942

续表

优化发展区	MOE	GOE	*TGR*	适度保护区	MOE	GOE	*TGR*
辽宁	0.654	0.654	1	重庆	0.957	0.997	0.959
吉林	0.463	0.463	1	四川	0.733	0.760	0.978
黑龙江	0.191	0.191	1	贵州	0.506	0.717	0.684
上海	0.936	0.936	1	云南	0.340	0.340	1
江苏	0.480	0.480	1	陕西	0.530	0.530	1
浙江	0.563	0.563	1	甘肃	0.197	0.321	0.596
安徽	0.474	0.474	1	青海	0.795	0.993	0.800
福建	0.552	0.552	1	宁夏	0.212	0.333	0.637
江西	0.274	0.274	1	新疆	0.059	0.425	0.416
山东	0.724	0.724	1	—	—	—	—
河南	0.710	0.710	1	—	—	—	—
湖北	0.487	0.487	1	—	—	—	—
湖南	0.387	0.387	1	—	—	—	—
广东	0.466	0.466	1	—	—	—	—
海南	0.257	0.257	1	—	—	—	—
均值	0.523	0.523	1	均值	0.448	0.559	0.806
标准差	0.186	0.186	0	标准差	0.278	0.258	0.206
最小值	0.191	0.191	1	最小值	0.059	0.266	0.416
最大值	0.936	0.936	1	最大值	0.957	0.997	1.060

资料来源：笔者依据式（4-5）~式（4-7）计算得到。

在共同前沿下，农业灌溉用水效率值从高到低排列依次为优化发展区和适度保护区，根据式（4-5）计算得出其历年均值分别为0.523和0.448。这表明，如果采用潜在的最优生产技术，优化发展区和适度保护区将分别平均有47.7%和55.2%的效率提升空间，改善潜力巨大。

共同前沿框架下的技术落差率反映了特定群组技术水平与潜在共

同前沿技术水平之间的缺口，其值越大，表示决策单元的实际技术水平越接近共同前沿最优技术水平。由表4－4可以看出，两个区域*TGR*均值从高到低的排列依次是优化发展区和适度保护区。其中，优化发展区的*TGR*历年均值均为1，表明优化发展区组内的各省区技术水平已代表了共同前沿的最优技术水平，其内部不存在技术差距。对于适度保护区而言，其*TGR*均值为0.806，技术效率低和群组内各省区的技术差距过大是造成适度保护区农业灌溉用水效率低下的主要原因。

从两个群组内部来看（见表4－4）：

（1）在适度保护区，其共同前沿和群组前沿效率均值分别为0.448和0.559，技术落差率为0.806，其中新疆维吾尔自治区和甘肃省的技术落差率低于0.6，说明该区域农业用水效率较低而且绝大部分省区的技术水平并未达到其共同前沿面，不同生产前沿存在较大的技术缺口，节水技术水平较低。而且从区域差异性角度也可以看出，该区域农业用水效率的省区差异性很大，该区域包含全国灌溉用水效率最高省份（重庆市，0.957），同时也包含全国灌溉用水效率最低省份（新疆维吾尔自治区，0.059）。

可见，该区域不仅呈现出较低的共同前沿效率和较低的技术落差率，而且区域内省区间效率差异性也很大，这主要是由于该区域的资源环境特征造成，适度保护区指的是我国西北和西南地区，其农业生产特色鲜明，但资源环境承载力有限，生态环境脆弱，由于农业生产设施建设相对薄弱，因此其技术进步水平相比优化发展区，一直以来较弱，而且受到地理环境的异质性影响，其省区间效率差异性也一直较大。

（2）从优化发展区来看，其群组内18个省区的技术落差率均为1，说明该区域的农业用水现状表现良好，农业用水技术均已达到该区域的潜在最优技术水平，这可能是由于优先发展区大部分位于东部沿海地区，经济发展水平较高，能最先引进农业生产技术，并将先进技术进行推广和合理利用，因此始终位于农业用水前沿面上，节水技术水平较高。另外，从共同前沿下灌溉用水效率值来看，表现最好的是上海市，其次是北京市、山东省、河南省，表现最差的主要有黑龙江省、江西省和海南省，其灌溉用水效率值均不超过 0.3，节水潜力巨大。

4.4.2 农业灌溉用水效率的动态分析

4.4.2.1 时序图分析

从图 4-2 可以看出，优化发展区共同前沿效率一直处于领先地位，其共同前沿效率从 1998 年的 0.379 增长到 2016 年的 0.769，年均增长率为 4.15%，尤其自 2011 年之后，其增长更在加速（增长率为 5.76%）；而适度保护区的共同前沿效率历年来一直低于优化发展区，从 1998 年的 0.366 增长到 2016 年的 0.581，年均增长率仅为 2.72%，自 2011 年以来，其增长速度更是有所降低，仅为 1.63%。

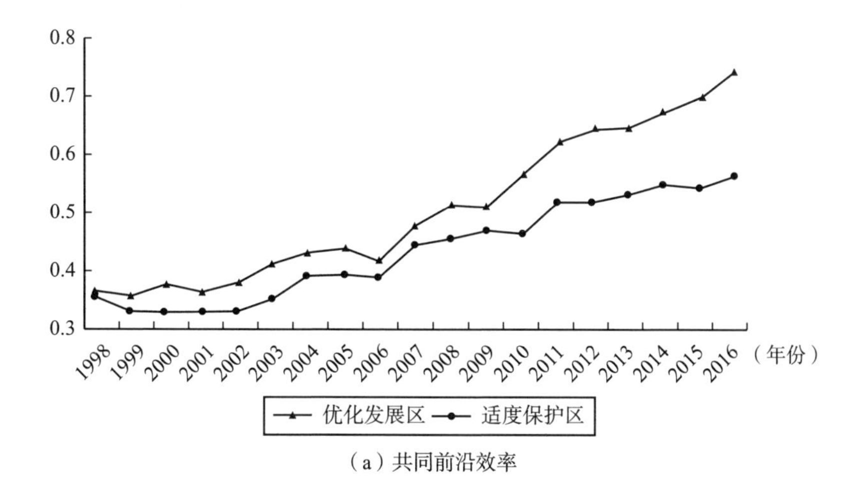

（a）共同前沿效率

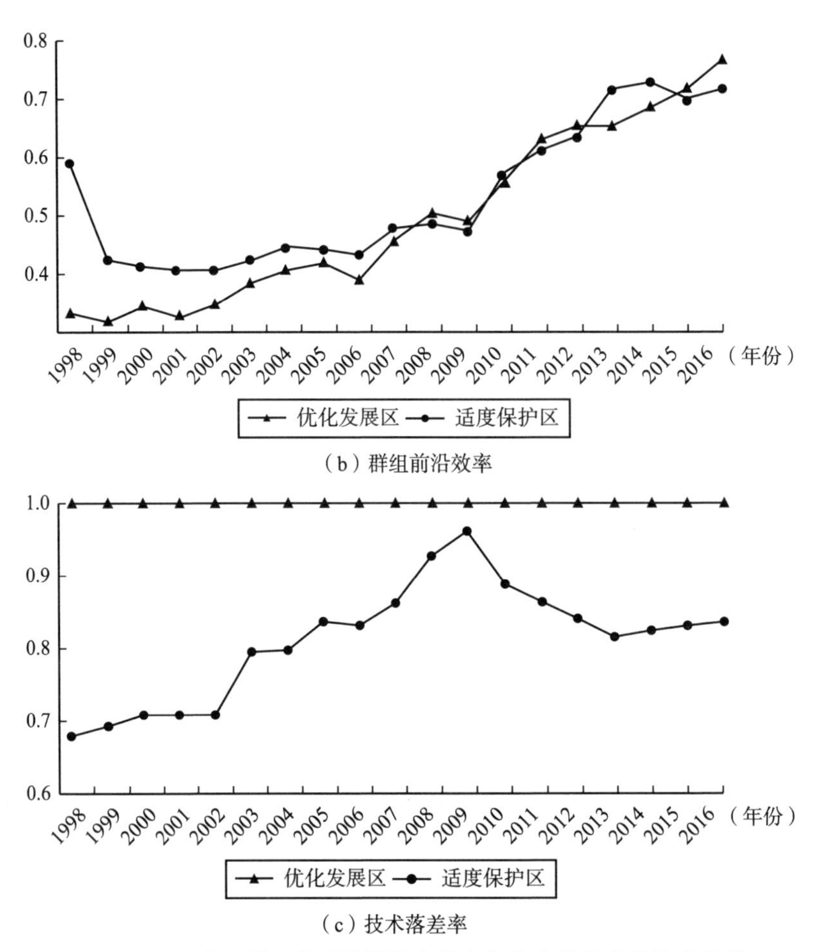

（b）群组前沿效率

（c）技术落差率

图 4－2　两大区域下农业灌溉用水效率和技术落差率的演变趋势

资料来源：笔者绘制。

从群组前沿效率来看，虽然优化发展区自 2011 年之前比适度保护区要低，但其增长速度较快，从 1998 年的 0.379 增长到 2016 年的 0.769，年均增长率为 4.15%，而适度保护区从 1998 年的 0.608 增长到 2016 年的 0.724，年均增长率仅为 1.31%，因此近些年优化发展区呈现出略微赶超适度保护区的增长态势。

结合共同前沿和群组前沿效率时序图来看，优化发展区的共同前沿和群组前沿效率均呈现出更快的增长态势，而适度保护区则呈现出增长乏力态势，其主要原因是由于适度保护区包含了许多传统农业大省，该区域种植模式一直以小麦为主，其灌溉用水效率要低于水稻、玉米等种植模式，而且该区域采用喷灌、滴灌和微灌等现代灌溉技术应用程度较低，因此相较于优化发展区，该区域的农业灌溉用水效率提高缓慢，增长不快。

从技术落差率的区域时序图可以看出，优先发展区的技术落差率历年处于潜在最优前沿面上，而适度保护区由于共同前沿低于优化发展区，群组前沿略高于优化发展区，因此其技术落差率历年均低于优化发展区，且未实现其组内潜在最优生产技术水平。两个区域技术落差率呈现出的巨大差异性说明，优化发展区已基本实现其组内最优技术水平，但是适度发展区并未实现，这主要是由于优化发展区内各省区大部分位于东部地区，在农田水利基础设施建设和节水技术应用方面的大力投入，使该区域各省区农业用水效率在逐年增加，其领先优势较适度发展区更为明显，因此该区域的节水技术保持和改进程度一直优于适度发展区。

4.4.2.2　核密度函数图分析

为了进一步探究 1998 ~ 2016 年农业灌溉用水效率的动态变化趋势，笔者利用核密度函数估计法画出考察期内主要年份下共同前沿和群组前沿效率的动态演进趋势（见图 4 – 3 和图 4 – 4）。

图 4 – 3 共同前沿效率的结果显示，优化发展区的核密度函数估计曲线呈现逐年向右移动的态势，2000 ~ 2010 年，峰值变化不大，略微降低；2010 ~ 2015 年，峰值明显降低，且呈现“双峰”分布形态，峰宽变宽、峰尖趋于平缓。这些变化说明，优化发展区下各省的农业灌溉用水效率（共同前沿）在逐年提高，但是自 2010 年起，该区域内省际间效率逐渐出现两极分化现象，省际间效率差距在变大，各省农业灌溉用水效率（共同前沿）越来越趋于离散状态。

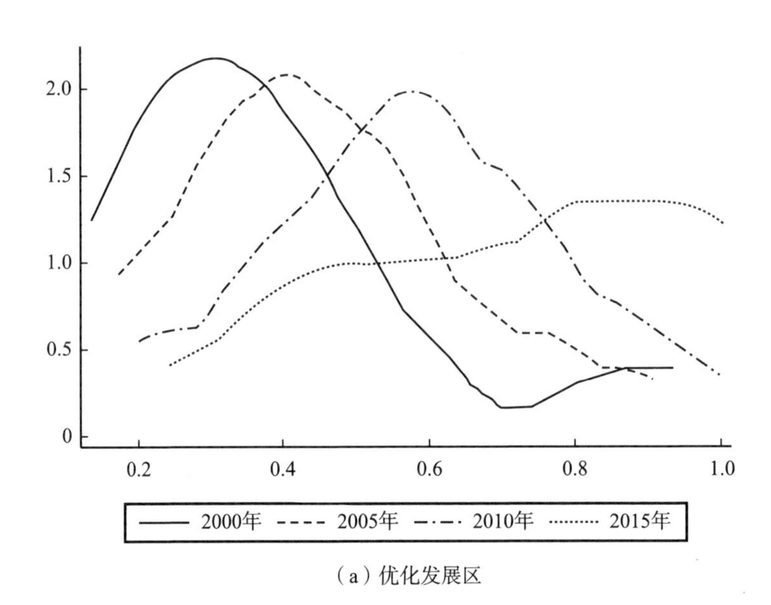

（a）优化发展区

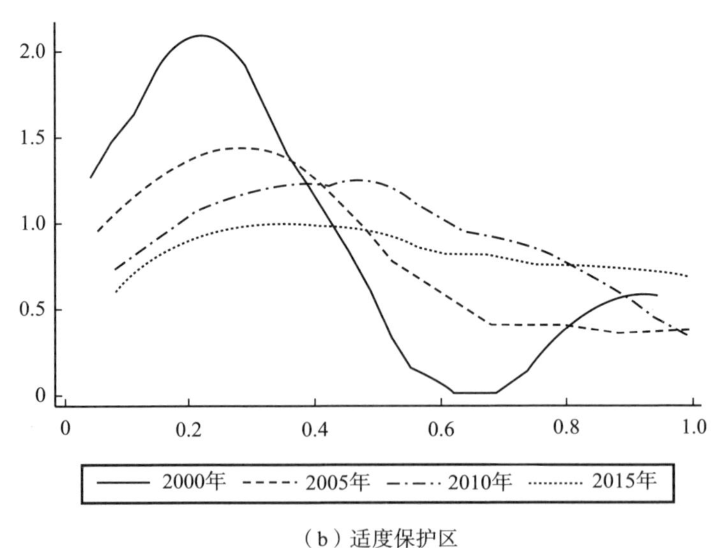

（b）适度保护区

图4-3　两大区域下共同前沿效率的核密度函数演变

资料来源：笔者绘制。

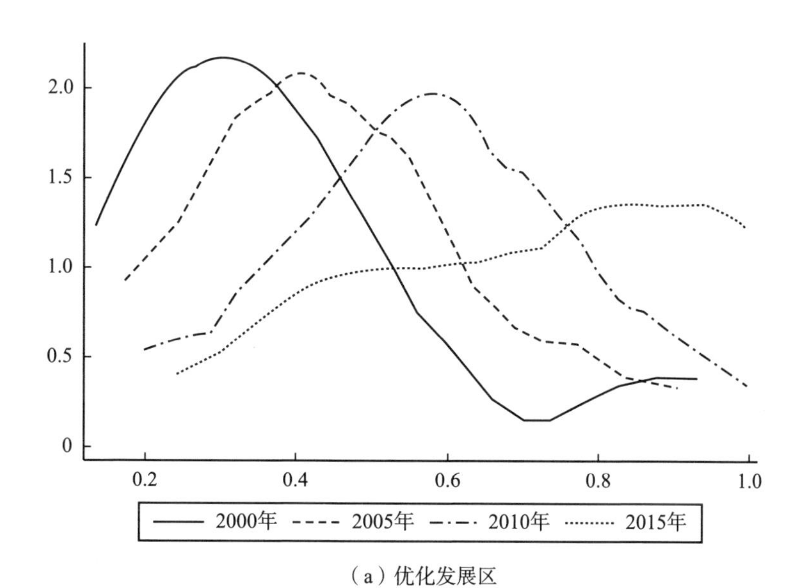

（a）优化发展区

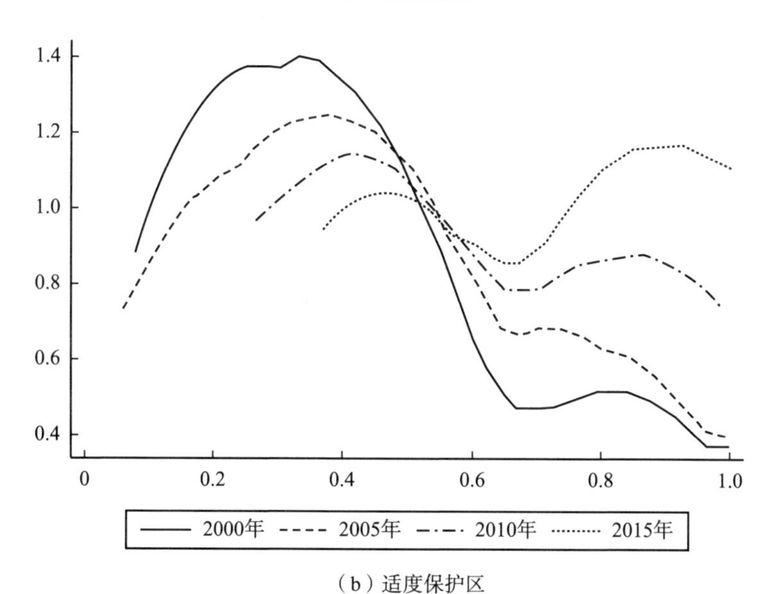

（b）适度保护区

图 4－4　两大区域下群组前沿效率的核密度函数演变

资料来源：笔者绘制。

对于适度保护区而言，其核密度函数曲线并未呈现出显著右移或者左移变化趋势，峰值逐渐下降、峰宽变宽、峰尖趋于平缓，说明该区域农业灌溉用水效率（共同前沿）并未得到显著提高，且该区域内省际间的效率差距在逐年变大，离差逐渐增强。

图4－4群组前沿效率的结果显示，优化发展区的核密度函数演变形势和共同前沿下图形类似。而适度保护区群组前沿效率的核密度函数则呈现出和共同前沿效率完全不一致的演变态势，其核密度函数自2000年起，逐渐呈现出"双峰"分布形态，随着曲线逐渐向右移动，其双峰趋势越发明显，而且曲线左侧面积在逐渐减少，而右侧面积在逐渐增加。这意味着，适度保护区的农业灌溉用水效率（群组前沿）在逐年提高，效率低的省份数量在减少，而效率高的省份数量在增加，而且该区域内省际间效率的差异性在逐年增大，两极分化现象一直存在，且分化程度并未减弱。

4.4.3 农业灌溉用水效率损失分解

深入剖析三大区域间农业灌溉用水效率损失根源，挖掘制约农业灌溉用水效率提升的重要因素，有助于我们发现并提炼出改善我国各省区农业灌溉用水效率的有效路径。由于共同前沿是基于所有样本的生产技术而形成，以此为基准得到的效率水平能够为各省区提供潜在的最大改善空间；而群组前沿是由生产技术相当的样本所确定，其效率水平可以为各省区提供在现有技术水平上的改善潜力。根据式（4－8），本节将共同前沿下的农业灌溉用水无效率（TOI）分解为管理无效率（MI）和技术无效率（TI）两部分，结果如图4－5所示。

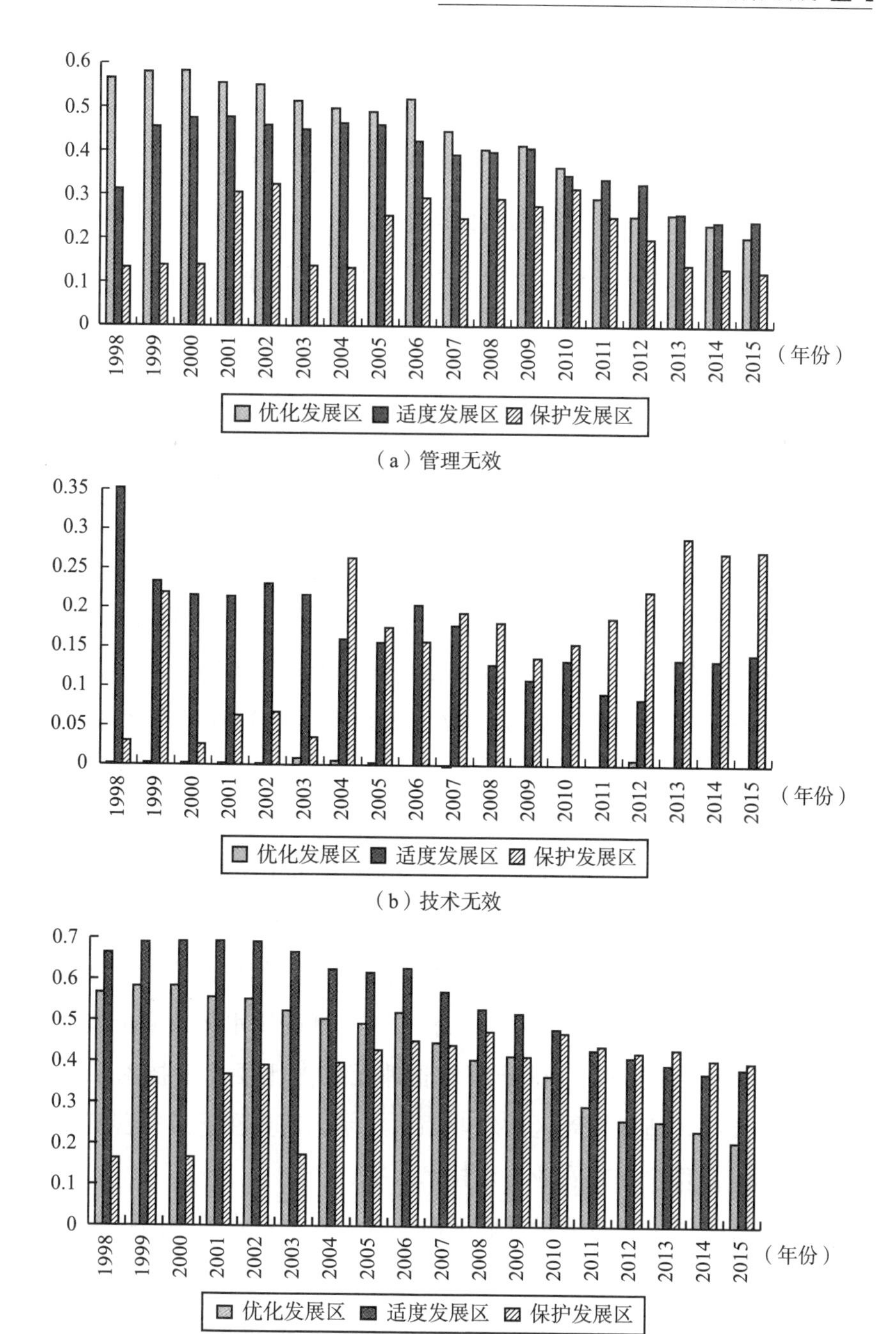

图4-5 三大区域下农业灌溉用水效率损失分解的演变趋势

资料来源：笔者绘制。

图4－5显示，从全国范围来看，三大区域的农业灌溉用水效率损失均较大，区域间随时间的变化趋势也有很大的差异性。其中，适度发展区效率总损失历年最大，而保护发展区效率总损失于2004年之后呈现递增态势，逐渐赶超其他两个区域，优化发展区的效率总损失则呈现逐年递减态势，下降速度最快（63.8%）。

从三大区域来看，保护发展区效率总损失逐年递增，而造成农业灌溉用水无效率的来源主要是管理无效，近些年技术无效逐渐赶超，成为造成保护发展区农业用水无效率的主要根源，所以，总体来看，对于保护发展区的青海而言，需要同时改进管理水平并提高农业用水技术。

对于优化发展区而言，其效率总损失呈现逐年递减的趋势，分解结果显示，由于该区域大部分省区位于潜在最优生产前沿面上，因此所有省区每年的农业用水无效率主要由管理无效率决定，要提高优化发展区的农业用水效率，需要从改善现存落后的管理经营水平角度出发。

对于适度发展区而言，历年的效率总损失呈现先上升后下降的变化趋势，从1998年的0.664上升到2001年的0.693，年均涨幅为1.4%；从2002年的0.691下降到2015年的0.384，年均降幅为4.4%，下降幅度高于上升力度，说明农业用水效率得到一定改善和提高；从效率总损失的分解结果来看，该区域的用水无效率由技术无效和管理无效共同决定，由于历年管理无效占比要高于技术无效占比，因此要改善适度发展区的农业用水效率，需要在重点完善管理水平的基础上，稳步提高农业节水技术水平。

另外，为了进一步揭示发展区内各省份农业用水效率的损失来源及改善潜力，笔者利用公式计算了1998～2016年各省（区、市）的TOI、TI和MI值，并按年份作平均化处理，结果如表4－5所示。

表 4－5　　各省农业灌溉用水无效率值分解

	省份	效率总损失（TOI）	技术无效（TI）		管理无效（MI）		重点提升策略	
			均值	占比（%）	均值	占比（%）	技术	管理
优化发展区	北京	0. 267	0. 000	0. 0	0. 267	100. 0	—	√
	天津	0. 464	0. 000	0. 0	0. 464	100. 0	—	√
	河北	0. 428	0. 000	0. 0	0. 428	100. 0	—	√
	辽宁	0. 267	0. 000	0. 0	0. 267	100. 0	—	√
	吉林	0. 470	0. 000	0. 0	0. 470	100. 0	—	√
	黑龙江	0. 786	0. 000	0. 0	0. 786	100. 0	—	√
	上海	0. 067	0. 018	26. 2	0. 049	73. 8	—	√
	江苏	0. 507	0. 000	0. 0	0. 507	100. 0	—	√
	浙江	0. 382	0. 000	0. 0	0. 382	100. 0	—	√
	安徽	0. 456	0. 000	0. 0	0. 456	100. 0	—	√
	福建	0. 375	0. 000	0. 0	0. 375	100. 0	—	√
	江西	0. 689	0. 000	0. 0	0. 689	100. 0	—	√
	山东	0. 252	0. 000	0. 0	0. 252	100. 0	—	√
	河南	0. 224	0. 000	0. 0	0. 224	100. 0	—	√
	湖北	0. 420	0. 000	0. 0	0. 420	100. 0	—	√
	湖南	0. 551	0. 000	0. 0	0. 551	100. 0	—	√
	广东	0. 480	0. 000	0. 0	0. 480	100. 0	—	√
	海南	0. 684	0. 030	4. 3	0. 654	95. 7	—	√
适度发展区	山西	0. 396	0. 267	67. 3	0. 129	32. 7	√	—
	内蒙古	0. 740	0. 159	21. 5	0. 580	78. 5	—	√
	广西	0. 767	0. 048	6. 2	0. 719	93. 8	—	√
	重庆	0. 027	0. 020	73. 0	0. 007	27. 0	√	—
	四川	0. 247	0. 011	4. 5	0. 236	95. 5	—	√
	贵州	0. 475	0. 120	25. 2	0. 356	74. 8	—	√
	云南	0. 668	0. 049	7. 4	0. 618	92. 6	—	√
	陕西	0. 419	0. 021	5. 0	0. 398	95. 0	—	√
	甘肃	0. 783	0. 222	28. 3	0. 561	71. 7	—	√
	宁夏	0. 794	0. 777	97. 9	0. 017	2. 1	√	—
	新疆	0. 935	0. 429	45. 9	0. 506	54. 1	√	√
保护发展区	青海	0. 342	0. 152	44. 4	0. 190	55. 6	√	√

资料来源：笔者整理。

总体来看，农业灌溉用水无效率主要集中在适度发展区，其中新疆维吾尔自治区、宁夏回族自治区、甘肃省、广西壮族自治区、内蒙古自治区的效率总损失平均超过0.7，位居全国之首，这主要是由于这些省区基本位于西部地区，一方面，由于经济不发达导致农业节水技术应用受阻；另一方面，生态环境和气候条件较为恶劣也会在一定程度上降低农业用水效率。

另外，区域内的效率总损失差异性也较大，主要体现在优化发展区和适度发展区，优化发展区内效率总损失最高依次是黑龙江省、江西省和海南省，而损失最小则主要集中在上海市、北京市、山东省等。而适度发展区内效率总损失则波动性最大，从重庆市的0.027到新疆维吾尔自治区的0.935，省区内效率偏差很大。显然，造成优化发展区市和适度发展区内省区市差异性大的根本原因在于区域内先进的农业节水技术和管理水平没有得到有效的推广和实行，因此需要加强区域内各省区市的充分交流和学习，平缓省区农业用水效率的非均衡性。

为明确各省区市在改善农业用水效率方面需要重点提升哪些能力，我们设定当管理无效或技术无效占效率总损失的比例超过40%时即认为应重点提升该项能力。从表4－5可以看出，在优化发展区，由于所有省区市的技术落差率均接近于1，因此为了改善农业灌溉用水效率，该区域需要重点提升其农业生产运营的管理能力即可；而对于保护发展区和适度发展区而言，其效率总损失则由技术无效和管理无效共同决定，为保证农业灌溉用水效率损失得到较快下降，需在着重改善管理能力的同时提高农业灌溉技术水平。

4.5 本章小结

考虑到不同省区存在农业生产技术的差异性，以及目前全国农业生产过程中的污染物排放特征，本章在共同前沿理论框架下，基于包

含农业 CO_2 和农业面源污染非期望产出的 SBM 模型对我国 1998 ~ 2016 年 30 个省（区、市）的农业灌溉用水效率进行测度，并以此作为农业灌溉技术指标。从截面和时间的静态、动态演变视角下分析农业灌溉技术进步的现状、发展趋势和地区间差异性。结合上述分析结果，本章得出如下结论。

（1）在共同前沿下，农业灌溉用水效率从高到低排列依次为优化发展区和适度保护区，其多年均值分别为 0.523 和 0.448。这表明，如果采用潜在的最优生产技术，优化发展区和适度保护区将分别平均有 47.7% 和 55.2% 的效率提升空间，我国农业平均灌溉用水效率较低，改善潜力巨大。

（2）优化发展区的技术落差率为 1，说明该区域各省份在共同前沿和群组前沿下的农业用水效率没有差异；而适度保护区的技术落差率为 0.806，这说明优化发展区已达到其组内潜在最优技术水平，而适度保护区未实现其组内最优。技术效率低和群组内各省（区、市）的技术差距过大是造成适度保护区农业用水效率低下的主要原因，因此，提高技术效率和缩小地区间的技术差距是有效提高适度保护区农业灌溉用水效率的重要途径。

（3）动态分析结果显示，优化发展区和适度保护区内各省份的农业灌溉用水效率均在逐年提高，优化发展区效率提高较快，而适度保护区则逐渐呈现出略微增长乏力的态势。从区域内部效率演变趋势来看，两大区域内均呈现出两极分化现象，省际间效率的差距在逐年变大，各省农业用水效率越来越趋于离散状态。

（4）管理无效和技术无效是导致地区农业灌溉用水效率损失的两大来源。优化发展区效率损失主要是由管理无效造成，完善管理制度和提高管理运营水平是促进农业灌溉用水效率改善的重要策略；保护发展区和适度发展区效率损失的原因则具有多样性，管理无效和技术无效二者皆有，因此需要结合技术和管理双角度来设计效率改善策略。

第5章　直接和间接效应的节水路径分析

本章旨在检验灌溉技术进步对农业节水的直接效应和间接效应影响路径，基于第4章农业灌溉用水效率测度结果，并借助中介效应检验思想构建直接和间接效应影响模型检验灌溉技术进步是否会直接影响农业用水，以及是否会通过降低农业用水强度和调整农作物种植结构间接影响农业用水，并从全国和分区域视角估计灌溉技术进步对农业节水的直接影响系数和间接影响系数，从而揭示直接和间接影响路径的区域差异性。

5.1　模型设置与估计方法

5.1.1　模型形式设定

为了分析灌溉技术进步对农业节水的直接和间接影响，首先需要构建一个灌溉技术进步对农业节水影响的基准模型，考虑到IPAT模型（Enrlich and Holdren，1971）已被广泛应用在对资源环境的影响因素分析方面，因此本章在IPAT模型基础上将其扩展，演变出灌溉技术进步对农业节水影响的基准模型，并基于此基准模型构建直接效应和间接效应影响模型。

5.1.1.1 基准模型

IPAT模型将人类经济社会活动对资源环境的影响恒等分解为人口（总人口）、富裕程度（人均GDP）和技术水平三个因素，具体形式如下：

$$I = P \times A \times T = P \times \frac{GDP}{P} \times \frac{I}{GDP} \tag{5-1}$$

式（5-1）中，I为资源消耗量或者环境污染程度；P为国内人口总量；A为人均财富或人均产出；T为单位经济产出的资源消耗量或污染排放量，由技术进步决定。

借助IPAT模型的含义，同时考虑到农业部门不同于工业、服务业等其他社会部门，农业水资源受土地等自然资源限制较大，因此在上式基础上，做适当转换，将人口因素替换为灌溉面积因素，人均产出替换为亩均农业产出，则扩展为下式：

$$water = \underbrace{area}_{IRR} \times \underbrace{\frac{GDPA}{area}}_{AGDP} \times \underbrace{\frac{water}{GDPA}}_{INN} \tag{5-2}$$

在扩展的IPAT模型（5-2）中，$water$表示农业用水量，$area$表示农业有效灌溉面积，GDPA表示农业总产值，$\frac{GDPA}{area}$和$\frac{water}{GDPA}$分别表示亩均农业总产值和农业用水强度（亩均定义）。那么最终分解出的三项：$area$、$\frac{GDPA}{area}$和$\frac{water}{GDPA}$则分别可以表征在农业部门，灌溉面积、产出和灌溉技术进步对农业用水量的驱动效应。建立直接和间接效应影响基准模型如下：

$$W_{it} = \alpha_0 + \alpha_1 INN_{it} + \alpha_2 AGDP_{it} + \alpha_3 IRR_{it} + \mu_i + \upsilon_t + \varepsilon_{it} \tag{5-3}$$

$$W_{it} = \alpha_0 + \alpha_1 INN_{it} + \alpha_2 AGDP_{it} + \alpha_3 IRR_{it} + \lambda X_{it} + \mu_i + \upsilon_t + \varepsilon_{it} \tag{5-4}$$

其中，$i=1, 2, \cdots, N$，$t=1, 2, \cdots, T$，N为横截面个体成员的个数，T为每个截面成员的样本观测时期数；W_{it}表示第i个地区第t年的农业用水量指标；INN_{it}表示第i个地区第t年的灌溉技术进步指标，$AGDP_{it}$表示第 i 个地区第 t 年的亩均农业总产值指标，IRR_{it}表示第 i 个地区第 t 年的有效灌溉面积指标，X_{it}表示一系列可能影响农业用水的控制变量如降水量、水资源禀赋、城市化率、劳动力数量等。参数 α_0 表示截距项，α_1，α_2，α_3 为待估计的系数，ε_{it}为随机误差项，且满足零均值、同方差假设。

另外，如果个体存在截距项的异质性，即出现不随时间变化的个体特征，或者出现不随个体变化的时点特征时，就需要在原始模型中加入个体效应和时点效应，以控制忽略异质性出现的回归偏误，式中的 μ_i 和 υ_t 即为不随时间变化的个体效应和不随地区变化的时点效应。式（5－3）为不带控制变量的基准模型，我们将其称为基准模型的简化形式，式（5－4）则是基准模型的一般形式。

5.1.1.2 直接效应和间接效应影响模型

中介效应分析是在确认了两个变量有因果关系的前提下，检验中介变量是否可以全部或部分地解释这种因果关系。如果自变量 X 通过某一变量 M 对因变量 Y 产生一定影响，则称 M 为 X 和 Y 的中介变量。成为中介变量需要满足如下条件：一是自变量与中介变量对因变量均有影响；二是自变量对中介变量的回归系数显著；三是控制中介变量后，自变量对因变量的影响减弱，依据减弱程度的不同分为部分中介和完全中介作用。

为了得到灌溉技术进步对农业节水的直接和间接效应影响模型，本章参考中介效应检验的思想，基于基准模型（5－4），构建灌溉技术进步对农业用水强度和农作物种植结构的影响模型（5－5）和模型（5－6），然后在基准模型（5－4）中加入农业用水强度和农作物种植结构构建模型（5－7）和模型（5－8），则"直接效应"和"间接效应"影响模型如下所示。

$$WI_{it} = \alpha_0' + \alpha_1' INN_{it} + \alpha_2' AGDP_{it} + \alpha_3' IRR_{it} + \lambda' X_{it} + \mu_i + \upsilon_t + \varepsilon_{it} \tag{5-5}$$

$$STR_{it}=\alpha_0'+\alpha_1'INN_{it}+\alpha_2'AGDP_{it}+\alpha_3'IRR_{it}+\lambda'X_{it}+\mu_i+\upsilon_t+\varepsilon_{it} \tag{5-6}$$

$$W_{it}=\alpha_0''+\alpha_1''INN_{it}+b_1WI_{it}+\alpha_2''AGDP_{it}+\alpha_3''IRR_{it}+\lambda''X_{it}+\mu_i+\upsilon_t+\varepsilon_{it} \tag{5-7}$$

$$W_{it}=\alpha_0''+\alpha_1''INN_{it}+b_1STR_{it}+\alpha_2''AGDP_{it}+\alpha_3''IRR_{it}+\lambda''X_{it}+\mu_i+\upsilon_t+\varepsilon_{it} \tag{5-8}$$

其中，W_{it}，INN_{it}，$AGDP_{it}$，IRR_{it}，X_{it}分别表示第i个地区第t年的农业用水量、灌溉技术进步、亩均农业总产值、有效灌溉面积和一系列可能影响农业用水量的控制变量如降水量、水资源禀赋、城市化率、劳动力数量等。WI_{it}，STR_{it}分别表示灌溉技术进步对农业节水影响的两个中介（间接）因素，即农业用水强度和农作物种植结构。

依据中介效应检验的方法，在上述模型中，α_1''表示为灌溉技术进步对农业节水的直接影响系数，$\alpha_1'b_1$表示为灌溉技术进步对农业节水的间接影响系数。因此直接效应影响的贡献率为$\frac{\alpha_1''}{\alpha_1''+\alpha_1'b_1}$，间接效应影响的贡献率为$\frac{\alpha_1'b_1}{\alpha_1''+\alpha_1'b_1}$。

灌溉技术进步对农业节水是否存在间接影响，需要在两个中介变量的假设下分别对模型估计结果做出一系列检验。依据中介效应的检验思想，需要依次检验如下条件：①模型（5-4）中$\alpha_1\neq0$统计上显著；②模型（5-5）中$\alpha_1'\neq0$统计上显著；③模型（5-7）中$b_1\neq0$统计上显著，而且α_1''统计上要么不显著，要么显著但系数估计值比α_1要小。以上三个条件需要逐一满足，此时，我们称灌溉技术进步会经由降低农业用水强度这条路径间接影响农业用水，而对于调整农作物种植结构这条间接路径，这个判定方法也是同样适用。

5.1.2 模型形式检验与估计方法

5.1.2.1 固定效应模型和随机效应模型

固定效应模型，是一种面板数据分析方法。如果对于不同的截面或不同的时间序列，模型的截距项不同，模型的斜率系数相同，称此模型为固定效应模型。

固定效应模型可分为三类：

（1）个体固定效应模型。

$$y_{it} = \lambda_i + \sum_{k=2}^{K} \beta_k x_{kit} + \varepsilon_{it} \tag{5-9}$$

从时间和个体上看，解释变量对被解释变量的边际影响均是相同的，而且除模型的解释变量之外，影响被解释变量的其他所有确定性变量的效应只是随个体变化而不随时间变化。

（2）时点固定效应模型。

$$y_{it} = \gamma_t + \sum_{k=2}^{K} \beta_k x_{kit} + \varepsilon_{it} \tag{5-10}$$

对于不同的截面，模型的截距显著不同，但是对于不同的时间序列（个体）截距是相同的，那么应该建立时点固定效应模型。

（3）时点个体固定效应模型。

$$y_{it} = \lambda_i + \gamma_t + \sum_{k=2}^{K} \beta_k x_{kit} + \varepsilon_{it} \tag{5-11}$$

时点个体固定效应模型指的是不同的截面（时点）、不同的时间序列（个体）都有不同截距。

上述基准模型（5-3）、模型（5-4），直接和间接效应模型（5-5）、模型（5-6）、模型（5-7）、模型（5-8）均是面板数据模型，而依据对模型截距项和系数的不同设定，面板数据模型可分为混合回归模型、变截距模型和变系数模型三类。其中，混合回归模型假定截距项和系数项对于所有截面个体都是相同的；变截距模型假定截距项不同，但系数项在所有截面个体上是相同的；而变系数模型假定在所有截面个体上，不仅截距项不同，所有系数项也是有差异的。由于在现有文献中，采用变截距模型进行实证分析居多，因此本书采用变截距模型进行回归。

变截距模型又可以依据截距项的特征分为固定效应和随机效应模型，固定效应模型假设个体效应在组内是固定不变的，个体间的差异反映在每个个体都有一个特定的截距项上；随机效应模型则假设所有的个体具有相同的截距项，个体间的差异是随机的，这些差异主要反映在随机干扰项的设定上。基于此，一种常见的观点认为，当我们的样本来自一个较小的母体时，我们应该使用固定效应模型，而当样本来自一个很大的母体时，应当采用随机效应模型。实证分析中，我们往往会借助于 Hausman 检验进行分析，其具体的检验思想如下：

Hausman 检验认为应该把模型设置为随机效应模型，主要因为固定效应模型将个体影响设定为跨横截面变化的常数使分析过于简单，将损失较多的自由度，但是随机效应模型也存在不足，假定随机变化的个体影响与模型中的解释变量不相关，而在实际过程中可能不满足，从而使估计结果出现偏误。因此，在确定将模型设置为固定效应还是随机效应时，一般做法是：先建立随机效应模型，然后基于 Hausman 检验该模型是否满足个体影响与解释变量不相关的假设，如果满足就将模型确定为随机效应模型；反之则将模型确定为固定效应模型。

原假设 H_0：模型采用随机效应模型。

原假设 H_1：模型采用固定效应模型。

检验统计量如下：

$$H=(\hat{\beta}_{fe}-\hat{\beta}_{re})'Var[(\hat{\beta}_{fe}-\hat{\beta}_{re})^{-1}(\hat{\beta}_{fe}-\hat{\beta}_{re})]\sim\chi^2(k) \qquad (5-12)$$

其中，$\hat{\beta}_{fe}$ 和 $\hat{\beta}_{re}$ 分别代表固定效应和随机效应的估计系数，

$Var[(\hat{\beta}_{fe}-\hat{\beta}_{re})^{-1}(\hat{\beta}_{fe}-\hat{\beta}_{re})]$表示固定效应模型和随机效应模型中回归系数估计结果之差的方差，即系数向量（$\hat{\beta}_{fe}-\hat{\beta}_{re}$）的协方差矩阵。在随机效应的原假设下，检验统计量 H 服从自由度为 k 的 χ^2 分布，如果统计量 H 大于某个检验水平下 χ^2 分布临界值，则拒绝原假设 H_0，将模型设置为固定效应模型，否则就设置为随机效应模型。

5.1.2.2　模型估计方法

面板数据模型的构建是建立在时间序列平稳性的假设基础上，如果不满足平稳性，就有可能会出现伪回归现象，因此需要对面板数据的平稳性进行检验，依据变量的单位根检验和模型的协整检验来判断变量之间是否存在长期均衡关系。

（1）单位根检验。单位根检验是指检验序列中是否存在单位根，如果存在单位根，序列就不平稳，会使回归分析中出现“伪回归”问题。

考虑如下的自回归过程：

$$y_{it}=\rho_i y_{it-1}+X_{it}\delta_i+\varepsilon_{it}\quad i=1,\ 2,\ \cdots,\ N;\ t=1,\ 2,\ \cdots,\ T \tag{5-13}$$

其中，X_{it}表示外生变量，N 表示横截面成员的个数，T 代表样本观测时期数，ρ_i 是自回归系数。假定随机误差项 ε_{it}满足独立同分布，如果$|\rho_i|<1$，则序列是平稳的；如果$|\rho_i|=1$，则序列 y_i 包含一个单位根，是非平稳序列。

参数 ρ_i 有两类基本假定：假设所有截面成员都是相同的，即$\rho_i=\rho$，如 LLC 检验；或者假设跨横截面变化，如 IPS 检验、ADF 检验和 PP 检验。因此，根据上述两种假定，面板数据单位根检验可以分为：相同单位根过程下的检验和不同单位根过程下的检验。

第一类：LLC 检验（相同单位根过程下的检验）。

原假设 H_0：各横截面序列具有一个相同的单位根。

考虑如下的 ADF 检验形式：

$$\Delta y_{it} = \alpha y_{it-1} + \sum_{j=1}^{P_i} \beta_{ij} \Delta y_{it-j} + X_{it}\delta_i + \varepsilon_{it}$$
$$i = 1, 2, \cdots, N; \ t = 1, 2, \cdots, T \tag{5-14}$$

其中，假定 $\alpha = \rho - 1$，P_i 是第 i 个横截面成员滞后阶数，允许在不同的横截面成员上变化，LLC 检验方法的原假设和备择假设可以写为：

原假设 H_0：$\alpha = 0$

备择假设 H_1：$\alpha < 0$

第二类：IPS 检验、ADF 检验和 PP 检验（不同单位根过程下的检验）。

其基本原理是：先对不同的横截面序列进行单位根检验，然后结合单位根检验结果构造面板数据的检验统计量进行检验。其原假设和备择假设可以写为：

原假设 H_0：$\alpha = 0$

备择假设 H_1：$\begin{cases} \alpha_i = 0 & i = 1, 2, \cdots, N_1 \\ \alpha_i < 0 & i = N_1 + 1, N_1 + 2, \cdots, N \end{cases}$

（2）协整检验。在进行时间序列分析时，要求时间序列是平稳的，即没有随机趋势或确定趋势，否则会产生“伪回归”问题。但是，现实经济中的时间序列通常是非平稳的，我们可以对它进行差分把它变平稳，但这样会让我们失去总量的长期信息，而这些信息对分析问题来说又是必要的，因此可以用协整检验来解决此问题。协整检验的目的是检验一组非平稳序列的线性组合是否具有长期稳定的均衡关系，其中，Granger 提出的协整检验方法已成为分析非平稳变量之间数量关系的最主要工具之一。

面板数据协整检验方法可以分为两大类：第一类是建立在 E-G 二步法基础上的协整检验，方法有 Pedroni 检验和 Kao 检验；第二类是建立在 Johansen 检验基础上的协整检验。本文采用 Kao 检验方法。

其基本思想如下：

Kao 检验方法以协整方程的回归残差为基础，通过构造 ADF 统计量来检验面板变量之间的协整关系，考虑如下的回归模型：

$$y_{it} = \alpha_i + X_{it}\beta + u_{it} \quad i = 1, 2, \cdots, N; \ t = 1, 2, \cdots, T \qquad (5-15)$$

其中，参数 α_i 为每个横截面的个体效应。

通过对式（5－15）进行估计获得残差序列，基于 ADF 检验原理，构建辅助回归检验残差序列是否平稳，辅助回归的形式如下：

$$\hat{u}_{it} = \rho \hat{u}_{it-1} + v_{it} \quad i = 1, 2, \cdots, N \qquad (5-16)$$

$$\hat{u}_{it} = \rho \hat{u}_{it-1} + \sum_{j=1}^{P_i} \varphi_{ij} \Delta \hat{u}_{it-j} + v_{it} \quad i = 1, 2, \cdots, N \qquad (5-17)$$

在式（5－16）、式（5－17）中，ρ 表示对应于第 i 个横截面个体的残差自回归系数，Kao 检验就是对系数 ρ 与常数 1 的大小关系进行检验，其原假设为 H_0：不存在协整关系（$\rho = 1$）。

5.2 指标设定与样本选取

本章基于直接效应和间接效应影响模型测算灌溉技术进步对农业节水的直接效应和间接效应。由于西藏的相关数据缺失，因此采用了全国 30 个省（区、市）1998～2016 年共 570 个样本，面板数据模型中涉及的变量有：因变量（农业用水量）；3 个基础变量（灌溉技术进步、有效灌溉面积和亩均农业总产值），其中灌溉技术进步也是本章的核心变量；2 个中介（间接）变量（农业用水强度和农作物种植结构）；4 个控制变量（水资源禀赋、城市化率、农业劳动力、降水量）。

因变量采用农业用水量（亿立方米）指标。依据 IPAT 模型的思想，基础变量包含土地因素、产出因素和技术因素。在土地因素选择方面，考虑到有效灌溉面积等于能够进行正常灌溉的水田和水浇地面积之和，相比耕地面积、播种面积指标，有效灌溉面积指标能更好地衡量农业生产过程中的土地投入，因此本文采用有效灌溉面积（千公顷）作为IPAT模型中的一项土地因素指标；而另一个表征“富裕”程度的产出因素，本书采用亩均农业总产值（万元/千公顷）来表示，其等于农业总产值除以有效灌溉面积。而农业灌溉技术进步这个核心变量则采用第4章测度的农业灌溉用水效率（%）指标来表征。

（1）中介变量的选择表示如下。

①农业用水强度，采用万元农业产值的耗水量数据，即农业用水量（亿立方米）除以农业总产值（万元）表示农业用水强度（立方米/万元）。

②农作物种植结构，采用粮食作物播种面积占总播种面积比例（%）表示。

（2）控制变量的选择表示如下。

①水资源禀赋水平：本书选用人均水资源量（立方米/人）来表示水资源禀赋对农业用水量的影响。基于多位学者的研究表明，在水资源丰富地区，农户倾向于使用更多的水资源，故而水资源禀赋与农业用水量之间存在正相关关系，其回归系数预期为正。

②降水量：佟金萍等（2014）认为降水量充足地区将更有利于农作物的生长，从而产生一定的节水效果，考虑到农业生产会更多地受到诸如水资源量、降水量等自然禀赋条件的影响，因此本书将地区年均降水量（毫米）也作为控制变量引入，预计该变量的回归系数为负。

③农村劳动力数量：以农林牧渔就业人数（万人）作为劳动力投入，依据金巍等（2018）研究结果显示农村务农人口将会显著抑制农业用水量，因此本书将从事农业生产的劳动力投入量作为一个控制变量，预期回归系数为负。

④城市化率：考虑到农业生产对土地投入的依赖性，本书在IPAT模型中将土地因素替代了人口因素作为其中一项基础变量，同

时又考虑到城市化进程的快速发展，会促使人口从农村大量流动到城市，在人口迁移过程中，将会出现大量的工业生产逐渐挤占农业生产的情况，从而导致农业用水逐渐转向工业和生活用水，减少了农业用水量，可见人口流动对农业生产的影响不容忽视。因此，本章在控制变量中增加了城市化率指标（%），其表示城镇人口占总人口的比重，预期该项回归系数符号为负。

数据均来源于1999～2017年《中国统计年鉴》和《中国农村统计年鉴》。为了消除原始数据的异方差性，对非比例类数据取对数化处理，而且所有经济指标均以1998年为基期进行价格调整。指标选取及数据来源参考表5－1，所有变量的描述性统计结果见表5－2。

表5－1　　指标选取及数据来源

	指标	选取依据	数据来源
因变量	农业用水量（*W*）	农业用水量（亿立方米）	《中国统计年鉴》
基础变量	灌溉技术因素（*INN*）	农业灌溉用水效率（%）	前文测度结果
	土地投入因素（*IRR*）	有效灌溉面积（千公顷）	《中国统计年鉴》
	产出因素（*AGDP*）	亩均农业总产值（万元/千公顷）	《中国统计年鉴》
中介变量	农业用水强度（*WI*）	万元农业产值的耗水量（立方米/万元）	《中国统计年鉴》
	农作物种植结构（*STR*）	粮食作物播种面积占总播种面积比例（%）	《中国统计年鉴》
控制变量	水资源禀赋（*endowment*）	人均水资源量（立方米/人）	《中国统计年鉴》
	降水量（*precipitation*）	地区年均降水量（毫米）	《中国统计年鉴》
	农村劳动力数量（*labor*）	农林牧渔就业人数（万人）	《中国统计年鉴》
	城市化率（*urbanization*）	城镇人口占总人口的比重（%）	《中国统计年鉴》

表 5 – 2　　　　　　变量的描述性统计结果

变量	均值	标准差	最小值	最大值
农业用水量（*W*）	123.56	99.55	6.00	561.75
灌溉技术因素（*INN*）	0.48	0.27	0.04	1.31
土地投入因素（*IRR*）	1 936.55	1 455.98	128.47	5 932.74
产出因素（*AGDP*）	6 819.96	3 713.43	1 375.45	19 402.01
农业用水强度（*WI*）	1 534.93	1 783.09	240.71	12 108.16
农作物种植结构（*STR*）	65.94	12.09	32.81	95.70
水资源禀赋（*endowment*）	2 162.78	2 463.47	27.11	16 176.90
降水量（*precipitation*）	914.80	534.19	74.90	2 939.70
农村劳动力数量（*labor*）	959.81	730.97	33.38	3 558.55
城市化率（*urbanization*）	44.64	17.66	14.22	89.60

资料来源：笔者依据表 5 – 1 数据计算得到。

5.3 实证分析

本章的实证分析步骤如图 5 – 1 所示，首先，对所有变量做单位根检验和面板数据协整检验，检验变量间是否存在长期协整关系。其次，就灌溉技术进步对农业节水影响的直接效应和间接效应进行分析。

其中，在基准模型估计中，主要呈现的是全国所有样本数据的回归结果，以包含控制变量的一般式（5 – 4）作为核心解释模型，以不包含控制变量的简化式（5 – 3）作为补充模型，这两类模型的估计方法均是采用稳健性标准误（Newey-West，1987）的固定效应回归分析；最后换其他估计方法（如 FGLS 估计、Driscoll-Kraay 标准误的固定效应回归）对基准模型进行回归，将这两种方法下的回归结果作为模型稳健性检验的结果。

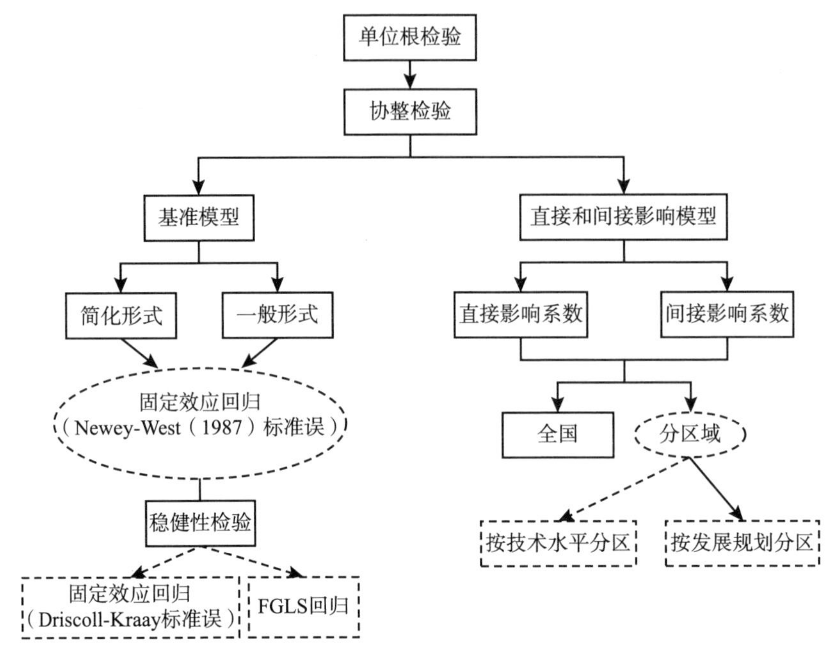

图5－1　直接效应和间接效应影响路径分析的流程

资料来源：笔者绘制。

在直接效应和间接效应影响模型估计中，基于模型式（5－5）~式（5－8）检验灌溉技术进步对农业节水的直接影响和间接影响系数，并将全国30个省（区、市）按照灌溉技术水平高低进行分区，按照优先发展区和适度保护区进行分区，分别从全国视角和分区域视角下估计直接和间接影响模型，从而得到全国和不同区域下的直接和间接影响路径的比对结果。

5.3.1　面板单位根检验和协整检验结果

考虑到时间序列如果不满足平稳性，可能会出现伪回归现象，因此本章对面板数据的平稳性进行检验，依据变量的单位根检验和模型的协整检验来判断变量之间是否存在长期均衡关系。基于LLC、IPS、

ADF和PP面板数据单位根检验方法对模型中用到的所有变量进行了平稳性检验，其水平值和一阶差分值的检验结果如表5-3所示。

表5-3 面板单位根检验结果

	变量	LLC检验	IPS检验	ADF检验	PP检验
水平值	*W*	-0.11	-1.30	62.49	76.54*
	INN	-0.03	-0.56	20.93	22.70
	IRR	0.04	-0.13	26.72	35.43
	AGDP	-0.03	-0.62	27.63	27.88
	WI	-0.10***	-1.35	21.4	42.9
	STR	-0.12***	-1.50	164.82***	87.99*
	endowment	-0.93***	-2.88***	186.32***	466.57***
	precipitation	-0.92***	-2.77***	254.82***	425.99***
	labor	-0.08***	-1.29	71.41	42.62
	urbanization	-0.07	-1.04	15.36	12.54
一阶差分值	Δ*W*	-1.26***	-3.27***	243.40***	638.55***
	Δ*INN*	-1.12***	-2.65***	250.47***	440.02***
	Δ*IRR*	-0.8***	-2.44***	198.12***	469.25***
	Δ*AGDP*	-1.08***	-2.93***	218.99***	325.80***
	Δ*WI*	-1.24***	-3.54***	307.36***	656.20***
	Δ*STR*	-0.86***	-2.96***	216.84***	302.00***
	Δ*endowment*	-1.96***	-4.50***	497.94***	1294.88***
	Δ*precipitation*	-1.87***	-4.25***	487.36***	1294.34***
	Δ*labor*	-0.93***	-2.88***	191.65***	330.99***
	Δ*urbanization*	-0..88***	-2.71***	190.67***	418.04***

注：***、**、*分别表示在1%、5%、10%水平下显著。

资料来源：笔者整理。

依据单位根检验结果，灌溉技术进步（*INN*）、有效灌溉面积（*IRR*）、亩均农业总产值（*AGDP*）和城市化率（*urbanization*）是非平稳变量，因为所有单位根检验的结果都接受"存在单位根"的原假设，而人均水资源量（*endowment*）和降水量（*precipitation*）是平稳序列，因为所有单位根检验结果显示"拒绝原假设"，而其他变量的检验结果在不同检验方法下并不相同。另外，从一阶差分值的检验结果来看，在 4 种单位根检验方法下，都拒绝原假设，意味着所有变量都是一阶差分后平稳序列。

由于本文关注的是，所有变量是否存在协整关系，而协整关系并不需要变量都是平稳序列，只要他们的残差项是平稳的即可，因此单位根检验结果初步满足协整检验的预设条件。同时依据表 5 – 4 的 Kao 协整检验的估计结果，在 5% 的显著性水平下，拒绝"不存在协整关系"的原假设，因此认为变量间存在长期均衡关系，可以构建直接效应和间接效应面板数据模型进行分析。

表 5 – 4　　面板协整检验结果

	t-统计量	P 值
ADF	– 1. 7546	0. 0421
残差方差	837 393. 5	
HAC 方差	1 571 810	

资料来源：笔者整理。

5. 3. 2　基准模型回归结果

本节采用变截距面板数据模型估计基准模型的简化式（5 – 3）和一般式（5 – 4），由于 Hausman 检验结果为 92. 37，拒绝"随机效应模型"的原假设，所以采用固定效应变截距模型进行回归。同时考虑到地区间可能存在不随时间变化的个体效应和不随地区变化的时点效应，因此所有估计模型设置了个体和时点效应变量，以控制样本中可能存在的异质性。全国样本下基准模型估计结果如表 5 – 5 所示。

表 5-5　　基准模型回归结果

变量	简化形式	一般形式（Newey-West 标准误）	稳健性检验（Driscoll-Kraay 标准误）	稳健性检验（FGLS）
INN	-0.2637 ** (-2.08)	-0.2740 *** (-7.48)	-0.2868 *** (-6.63)	-0.3084 *** (-21.49)
AGDP	0.1833 * (1.69)	0.1655 *** (3.36)	0.1031 *** (3.11)	0.1810 *** (13.88)
IRR	0.5004 *** (2.94)	0.5004 *** (9.71)	0.4307 *** (8.13)	0.5053 *** (36.11)
precipitation		-0.0397 * (-1.96)	-0.0470 *** (-3.29)	-0.0276 *** (-9.95)
urbanization		-0.0005 (-0.41)	-0.0028 *** (-3.77)	0.0002 -0.55
endowment		0.007 (0.38)	0.016 -1.25	-0.0011 (-0.33)
labor		-0.0999 *** (-3.21)	-0.1062 ** (-2.59)	-0.0931 *** (-9.59)
常数项	-1.6329 (-0.98)	-0.8002 (-1.12)	1.6049 *** -2.96	-1.0566 *** (-5.37)
个体效应	控制	控制	控制	控制
时点效应	控制	控制	控制	控制
N	570	570	570	570

注：***、**、* 分别表示在 1%、5%、10% 水平下显著。括号内数值为 t 统计值。
资料来源：笔者整理。

从基准模型的估计结果中可以看出，在影响农业用水量的三个基础变量（技术、产出和土地）中，有效灌溉面积是影响农业用水量的最大因素，其回归系数为 0.5004，在 1% 的水平下显著，说明从全国范围来看，灌溉面积每增加 1%，农业用水量将增长 0.5%，其影响程度远超技术（-0.27%）和产出因素（0.17%）；另外，土地投入和产出因素会促使农业用水量增加，而技术进步则会显著降低农业用水量。

从控制变量估计结果来看，农村劳动力数量（-0.10）和城市化率 $[(e^{-0.0005}-1)\times 100=-0.05$①$]$ 这两个有关人口因素的变量，其估计结果均呈现出与农业用水量的负相关，前者显著，后者不显著，说明当农村劳动力每增长1%，会导致农业用水量显著降低0.1%，这可能是由于我国目前从事农业生产的劳动力老龄化严重，如果再增加农村劳动力，势必引进一些年轻的具备一定知识储备的劳动人口，这将有助于提高农业生产技术，从而有利于降低农业用水量（金巍等，2018）；而城市化率对农业用水量的影响，有学者认为城市化进程会促使人口由农村流动到城市，必然导致工业和生活用水挤占农业用水，从而降低农业用水量，本文的估计结果和部分学者一致，但并没有通过显著性检验。另外一类控制变量表征的是地区水资源禀赋条件，用人均水资源量和降水量表示，其回归结果分别为0.007和-0.04，这说明降水量的增加将导致农业用水量的减少，这和佟金萍等（2014）学者研究结果一致；而人均水资源量回归系数为正，虽然没有通过显著性检验，但是也在一定程度上说明了水资源禀赋条件好的地区，农民节水意识相对较薄弱，所以其对农业用水量并没有起到抑制作用。

最后，在基准模型基础上对模型的稳健性进行了检验，考虑到简化式和一般式下的基准模型均是在异方差—序列相关稳健性标准误下对固定效应模型进行测算（Newey-West，1987），因此本节采用另外两种方法来进行测算比对，选择了表5-5中的第4列和第5列的Driscoll-Kraay（1998）异方差—序列相关—截面相关稳健性标准误下固定效应模型估计和FGLS估计方法。从估计结果中可以看出，在不同方法下，所有变量的回归系数和显著性差异性不大，说明基准模型

① 城市化率的回归系数为-0.0005，但由于该变量是比例（%）变量，没有取对数处理，因此其对因变量的影响可归结为：当城市化率增长1个单位（即1%）时，会促使因变量增长 $(e^{-0.0005}-1)\times 100\%$。下同。

的估计结果十分稳健，而且从中也可以看出，灌溉技术进步对农业用水量的影响效应大致在 -0.264% ~ -0.308% 之间，节水成效显著。

5.3.3　直接和间接效应影响模型回归结果

5.3.3.1　全国数据的回归结果

基于直接和间接效应影响模型（5-5）~模型（5-8），1998 ~ 2016 年，在全国 30 个省（区、市）共 570 个样本下，得到回归结果如表 5-6 所示。直接和间接效应影响模型基于基准模型（5-4）构建而得，因此所有模型包含同样的基础变量（灌溉技术进步、亩均农业总产值和有效灌溉面积）和控制变量（水资源禀赋、农村劳动力、降水量和城市化率）。模型（5-5）、模型（5-6）分别以两个中介变量（农业用水强度和农作物种植结构）为因变量进行回归，而模型（5-7）、模型（5-8）是在模型（5-4）基础上分别加入中介变量回归而得。

表 5-6　　　　全国样本下直接和间接效应回归结果

自变量	因变量				
	模型（5-4）*W*	模型（5-5）*WI*	模型（5-6）*STR*	模型（5-7）*W*	模型（5-8）*W*
INN	-0.2740*** (-7.48)	-0.2740*** (-7.48)	-1.406 (-0.98)	-0.0846*** (-2.81)	-0.2655*** (-7.44)
WI				0.6909*** (21.68)	
STR					0.0060*** (5.49)
AGDP	0.1655*** (3.36)	-0.8345*** (-16.97)	-6.5953*** (-3.43)	0.1262*** (4.33)	0.2051*** (4.24)

续表

自变量	因变量				
	模型(5-4) W	模型(5-5) WI	模型(5-6) STR	模型(5-7) W	模型(5-8) W
IRR	0.5004*** (9.71)	-0.4996*** (-9.70)	-4.7075** (-2.34)	0.1301 (1.21)	0.5287*** (10.49)
precipitation	-0.0397* (-1.96)	-0.0397* (-1.96)	-1.5952** (-2.01)	-0.0527*** (-3.33)	-0.0301 (-1.52)
urbanization	-0.0005 (-0.41)	-0.0005 (-0.41)	-0.3544*** (-7.82)	-0.0021** (-2.28)	0.0017 (1.39)
endowment	0.007 (0.38)	0.007 (0.38)	2.2245*** (3.13)	0.0251* (1.76)	-0.0064 (-0.36)
labor	-0.0999*** (-3.21)	-0.0999*** (-3.21)	-4.4398*** (-3.64)	-0.0067 (-0.27)	-0.0732** (-2.38)
常数项	-0.8002 (-1.12)	17.6204*** (24.69)	194.6540*** (6.97)	-2.9103*** (-6.19)	-1.9706*** (-2.71)
个体效应	控制	控制	控制	控制	控制
时点效应	控制	控制	控制	控制	控制
N	570	570	570	570	570

注：***、**、*分别表示在1%、5%、10%水平下显著。括号内数值为t统计值。
资料来源：笔者整理。

模型（5-4）、模型（5-5）、模型（5-7）用于判断灌溉技术进步是否会经由降低农业用水强度间接影响农业用水，模型（5-4）、模型（5-6）、模型（5-8）则用于判断灌溉技术进步是否会经由调整农作物种植结构间接影响农业用水。基于间接效应检验思想，需要依次检验三个模型中相关系数的统计显著性。从估计结果可以看出，由于模型（5-4）中 $\hat{\alpha}_1=-0.2740$ 且在1%水平下统计显著，模型（5-5）中 $\hat{\alpha}_1'=-0.2740$ 且统计上显著，模型（5-7）中 $\hat{b}_1=0.6909$ 且统计上显著，而且 $\hat{\alpha}_1''=-0.0846$ 统计上显著但系数估计值比 $\hat{\alpha}_1$ 要小，因此可以说明灌溉技术进步会通过显著降低农业用水强度从而对农业用水产生积极的间接效应。在这条间接影响路径上，灌溉技术进步对农业节水的直接影响系数为 $\hat{\alpha}_1'' = -0.0846$，间接影响系数为 $\hat{\alpha}_1' b_1 = (-0.2740) \times (0.6909) = -0.1894$，因此直接效应影响的贡献率为$\frac{\alpha_1''}{\alpha_1'' + \alpha_1' b_1} = 30.88\%$，“间接效应”影响的贡献率为$\frac{\alpha_1' b_1}{\alpha_1'' + \alpha_1' b_1} = 69.12\%$。估计结果说明，灌溉技术进步会直接影响农业用水，农业灌溉用水效率每提高 1%，会直接降低农业用水量 0.08%；灌溉技术进步也会间接影响农业用水，农业灌溉用水效率会促使农业用水强度降低，从而对农业用水量产生间接影响，平均来看，农业灌溉用水效率每提高 1%，会间接促使农业用水量降低 0.19%。相对而言，间接效应产生的节水效果（贡献率为 69.12%）要高于直接效应产生的节水效果（30.88%）。

而另外一条可能的间接影响路径（调整农作物种植结构），通过观察模型（5-4）、模型（5-6）、模型（5-8）的估计结果，可以看出模型（5-6）中 $\hat{\alpha}_1' = -1.406$ 统计上并不显著，并未通过间接效应检验，说明灌溉技术进步并没有对农作物种植结构产生积极的影响，这条间接影响路径统计上并不存在，这可能是由于目前全国各省份农作物种植结构调整主要是受限于地理、自然条件，灌溉技术进步对其产生的调节作用并不明显，因此我们通过间接效应影响路径的检验，发现灌溉技术进步主要经由降低农业用水强度从而对农业用水产生积极的间接影响，农作物种植结构调整的间接路径在中国目前的农业大环境下并未产生应有的影响成效。

5.3.3.2　分区域视角下的回归结果

（1）按照农业灌溉技术水平的差异性分区域。本节主要分析的是，不同技术水平下各区域灌溉技术进步对农业节水直接和间接影响的差异性，估计结果如表 5-7 所示。依据灌溉技术进步指标高低将所有样本数据进行等分，分别标记为“高技术区域”和“低技术区域”，其中，高技术区域包含北京市、河北省、山西省、辽宁省、上海市、江苏省、浙江省、福建省、山东省、河南省、广东省、重庆市、四川省、贵州省、陕西省；其余省（区、市）则为低技术区域。

表5-7　不同技术水平下区域直接和间接效应回归结果

自变量	因变量					
	高技术区域			低技术区域		
	模型（5-4）*W*	模型（5-5）*WI*	模型（5-7）*W*	模型（5-4）*W*	模型（5-5）*WI*	模型（5-7）*W*
INN	-0.5324*** (-8.02)	-0.5324*** (-8.01)	-0.0822*** (3.20)	-0.2429*** (-4.38)	-0.2429*** (-4.38)	-0.0937 (-1.52)
WI			0.8456*** (18.39)			0.6144*** (17.30)
控制变量	—	—	—	—	—	—
个体效应	控制	控制	控制	控制	控制	控制
时点效应	控制	控制	控制	控制	控制	控制
N	285	285	285	285	285	285

注：由于本表中，我们关注的是不同区域下直接和间接影响的差异性，所以并未列出控制变量估计结果。下同。另外，农作物种植结构这条间接路径的估计结果和全国样本下相似，在不同区域下均未呈现出统计上显著的间接影响，因此本表仅列出农业用水强度这条间接路径的估计结果（表5-8同）。*** 表示在1%水平下显著。括号内数值为t统计值。

资料来源：笔者整理。

从估计结果可以看出，对于高技术和低技术区域，模型（5-4）、模型（5-5）、模型（5-7）均满足间接效应检验的思想，变量 $\hat{\alpha}'_1 = -0.5324(-0.2429)$，$\hat{\alpha}'_1 = -0.5324(-0.2429)$ 和 $\hat{b}_1 = 0.8456(0.6144)$ 统计上均显著，而且变量 $\hat{\alpha}''_1 = -0.0822(-0.0937)$ 要么统计上显著但系数估计值比 $\hat{\alpha}_1$ 要小，要么统计上并不显著，因此可以说明，对于高低技术不同区域而言，灌溉技术进步均会通过显著降低农业用水强度从而对农业节水产生积极的间接效应。在这条间接影响路径上，高技术区域和低技术区域的直接影响系数分别为 -0.0822 和 -0.0937，间接影响系数分别为（-0.5324）×(0.8456) = -0.4502 和（-0.2429）×(0.6144) = -0.1492，因此对于高技术区域而言，其直接效应影响的贡献率为 15.44%，间接效应影响的贡献率为 84.56%。而对于低技术区域而言，其直接效应影响的贡献率为 38.56%，间接效应影响的贡献率为 61.44%。

分区域估计结果说明，灌溉技术进步会直接和间接影响农业用水，直接影响成效的区域间差异性不大（高低区域分别为 -0.0822 和 -0.0937），但间接影响成效存在显著的区域差异性，相比低技术区域（-0.1492），高技术区域的间接影响系数为 -0.4502，这意味着农业灌溉用水效率每提高 1%，会大致直接降低高、低技术区域的农业用水量 0.08% ~0.09%；而农业灌溉用水效率每提高 1% 会间接促使高技术区域的农业用水量降低 0.45%，而低技术区域仅降低 0.15% 左右。而且从贡献率的区域差异性亦可以看出，高技术区域的间接影响贡献率大致是直接影响贡献率的 4 ~5 倍，而低技术区域则不到 2 倍，说明相对于直接影响路径，高、低技术区域均是间接影响在起主导作用，而且显然高技术区域相较于低技术区域而言，间接影响力度更大。

造成这种区域差异性的原因，主要是由于各区域间存在灌溉技术水平的差异性导致，由全国数据回归结果显示，灌溉技术进步主要经由降低农业用水强度的间接路径起到积极影响作用，因此相比低技术水平地区，其“间接效应”要低于高技术水平地区，在一定程度上也说明了灌溉技术水平的提升需要时间、财力等各方面的累积，因此为了提高各地区的农业节水成效，就需要继续加大地区的技术扶持，尤其是低技术区域。

（2）按照《全国农业可持续发展规划（2015—2030）》的划分标准分区域。在农业部发布的《我国农业可持续发展规划（2015—

2030)》文件中，提到我国农业可持续发展要实行因地制宜、分类施策的原则，因此本节按照发展规划的分类标准，在综合考虑了各地农业资源承载力、环境容量、生态特征和发展条件等因素下，将全国30个省份划分为优化发展区和适度保护区（划分依据参考表4－2）。

从表5－8可以看出，适度保护区和优化发展区呈现出迥异的特征。对于适度保护区而言，由于模型（5－4）、模型（5－5）的回归系数统计上均不显著，说明在该区域灌溉技术进步对农业节水并未产生积极的直接和间接影响。而对于优化发展区而言，模型变量式（5－4）、式（5－5）、式（5－7）均满足间接效应检验的思想，变量 $\hat{\alpha}_1' = -0.5621$、$\hat{\alpha}_1' = -0.5621$ 和 $\hat{b}_1 = 0.6652$ 统计上均显著，而且变量 $\hat{\alpha}_1'' = -0.1822$ 统计上不显著，因此可以说明，对于优化发展区而言，灌溉技术进步会通过显著降低农业用水强度从而对农业用水产生积极的间接效应，其直接影响系数为－0.1882，间接影响系数为（－0.5621）×（0.6652）＝－0.3739，其直接效应影响的贡献率为33.48%，间接效应影响的贡献率为66.52%。

表5－8　不同发展规划下区域直接和间接节水效应回归结果

自变量	因变量					
	适度保护区			优化发展区		
	模型（5－4）*W*	模型（5－5）*WI*	模型（5－7）*W*	模型（5－4）*W*	模型（5－5）*WI*	模型（5－7）*W*
INN	0.009 (0.20)	0.009 (0.20)	0.0741*** (2.99)	－0.5621*** (－9.90)	－0.5621*** (－9.90)	－0.1882 (－1.57)
WI			0.7422*** (20.27)			0.6652*** (14.66)
控制变量	—	—	—	—	—	—
个体效应	控制	控制	控制	控制	控制	控制
时点效应	控制	控制	控制	控制	控制	控制
N	228	228	228	342	342	342

注：*** 表示在1%水平下显著。括号内数值为t统计值。
资料来源：笔者整理。

分区域估计结果说明，适度保护区的灌溉技术进步尚未对农业节水产生积极的直接和间接影响，而优化发展区灌溉技术进步则对农业节水产生积极的直接和间接影响。农业灌溉用水效率每提高 1%，会大致直接降低优化发展区的农业用水量 0.19%，也会通过降低农业用水强度间接促使该区域农业用水量降低 0.37%，而且相比直接影响，该区域仍然是间接影响在起主导地位。

造成这种区域差异性的原因，主要是由于适度保护区和优化发展区的区域差异性导致，适度保护区主要指的是西北区和西南区，其农业生产特色鲜明，但资源环境承载力有限，生态环境脆弱，由于农业生产设施建设相对薄弱，其技术进步水平相比优化发展区而言，一直较弱，而且受限于地理自然条件的限制，从而导致该区域灌溉技术水平并未对农业用水产生积极的直接和间接影响。而优化发展区是我国大宗农产品主产区，虽然存在水资源消耗过多、资源利用效率低下等多种问题，但长期以来一直是农业发展的重点区域，因此该区域不论是从灌溉技术水平来看，还是从地理条件、政府扶持角度来看，均占有先天良好的优势，因此该区域的灌溉技术进步产生了积极的直接和间接的节水影响。

5.4　本章小结

本章检验灌溉技术进步对农业节水的直接效应和间接效应影响路径，首先构建扩展的 IPAT 模型作为基准模型，并利用单位根检验、协整检验和固定效应变截距模型回归得到基准模型的稳健结果；其次基于中介效应检验思想，利用基准模型构建直接和间接效应影响模型；最后分别从全国视角和分区域视角下估计直接和间接影响模型，从而得到全国和不同区域下的直接和间接影响效应的比对结果。本章得到以下主要结论：

（1）采用稳健性检验方法，验证了扩展 IPAT 基准模型的稳健性。估计结果显示，全国范围内灌溉技术进步对农业节水的总影响（直接和间接效应）大致在 -0.264% ~ -0.308% 之间，节水效果显著。

（2）全国数据下直接和间接效应估计结果显示，灌溉技术进步主要经由降低农业用水强度从而对农业节水产生积极的间接影响，调整农作物种植结构这条间接路径并未产生应有的影响效果。而且在农业用水强度间接路径的影响下，灌溉技术进步会对农业节水产生直接和间接影响，其系数分别为 -0.0846 和 -0.1894，贡献率则分别为 30.88% 和 69.12%。

（3）分区域结果显示，灌溉技术进步对农业节水影响的直接和间接效应存在显著的区域差异性。对于高、低技术区域而言，其直接影响的区域间差异性不大（分别为 -0.0822 和 -0.0937），但间接影响差异性较大，高技术区域的间接影响系数为低技术区域的 3 倍左右，而且相对于直接影响路径，高、低技术区域均是间接影响在起主导作用，而且高技术区域的间接影响力度更大；对于适度保护区和优化发展区而言，灌溉技术进步主要对优化发展区起到积极的直接和间接影响，未能对适度保护区产生积极作用，农业灌溉用水效率每提高 1%，会大致直接降低优化发展区的农业用水量 0.19%，也会通过降低农业用水强度间接促使该区域农业用水量降低 0.37%。

第6章　农业水“回弹效应”测度

第4章测度了农业灌溉技术指标，剖析了目前我国各省份农业灌溉技术水平现状和演变趋势；第5章分析了灌溉技术进步对农业节水的“直接效应”和“间接效应”影响路径。那么本章考虑的则是在灌溉技术进步对农业节水的直接和间接影响路径下，是否会出现农业水回弹效应，回弹效应的大小是否会抵消灌溉技术进步的直接和间接节水效果。因此，本章结合SBM-Malmquist指数和LMDI模型，实际测算了农业水回弹效应的大小，揭示地区间回弹效应的差异性，并从水资源禀赋和灌溉土地面积视角下挖掘产生回弹效应异质性的背后根源，从而探讨了“回弹效应”路径下灌溉技术进步对农业节水的影响程度。

6.1　测算方法

农业水回弹效应定义为：一方面，灌溉技术进步可能促使农业生产扩张，从而推动农业用水量增加；另一方面，灌溉技术进步促使农业用水量减少。增加的农业用水量抵消了部分技术进步导致的农业节水量，这种现象称为农业水回弹效应。

依据农业水回弹效应示意图2-1，在测算农业水回弹效应时，我们需要分别测算农业用水回弹量（$W_2 - W_1$）和农业用水预期节约量（$W_0 - W_1$），其中，农业用水回弹量表示的是由于灌溉技术进步推动经济增长，从而产生的那部分农业用水需求的增加量；农业用水预期节约量指的是由于灌溉技术进步产生的预期节水量，而农业水回弹效应定义为用水回弹量与预期节水量的商，即：

$$RE = \frac{W_2 - W_1}{W_0 - W_1} \times 100\% \tag{6-1}$$

当 $RE = 0$ 时，表示实现了预期的农业节水效应。当 $0 < RE < 100\%$ 时，提高农业技术进步会降低农业用水。当 $RE > 100\%$ 时，呈现出"回火"效应，意味着提高农业灌溉技术不仅不会降低农业用水，反而会促进农业用水量增加。当 $RE < 0$ 时，表明实际节水效果好于预期，称为"超级节水"效应。

鉴于技术进步与强度指标的关联性，本章借用单要素能源强度指标的定义，采用万元农业产值的耗水量数据，即农业用水量（亿立方米）除以农业总产值（万元）表示农业用水强度（立方米/万元）。设农业总产值为 Y，农业用水量为 W，则农业用水强度 WI 定义为：$WI_t = \frac{W_t}{Y_t}$。随后，在农业用水强度的上述定义下，我们去推导农业用水回弹量和农业用水预期节约量，具体做法参照如下依次进行。

6.1.1 分解农业用水变化量

假设农业用水量从 $t-1$ 年到 t 年的变化量为 ΔW_t，依据式（6-1），其可以分解为如下形式：

$$\begin{aligned}\Delta W_t &= W_t - W_{t-1} \\ &= Y_t WI_t - Y_{t-1} WI_{t-1} \\ &= (Y_t - Y_{t-1}) WI_t + Y_{t-1} WI_t - Y_{t-1} WI_{t-1} \\ &= \Delta Y_t WI_t + Y_{t-1} \Delta WI_t\end{aligned} \tag{6-2}$$

依据式（6-2），可以看出，农业用水量的改变量可以分解为两部分，其中 $\Delta Y_t WI_t$ 可以表征为由于农业产出扩张而产生的用水需求

回弹量，而 $Y_{t-1}\Delta WI_t$ 可以理解为农业用水强度下降从而产生的预期节水量。如果技术进步是唯一导致农业经济增长和农业用水强度变化的因素，那么农业用水回弹量就可以表示为 $W_2 - W_1 = \Delta Y_t WI_t$，而农业用水预期节约量可以表示为 $W_0 - W_1 = Y_{t-1}\Delta WI_t$。

然而大量研究表明，技术进步并不是推动农业经济增长和农业用水强度变化的唯一因素，比如各投入要素的变化、农业种植结构等均会很大程度上影响农业经济增长与农业用水强度，因此我们需要提取技术进步对农业经济增长和农业用水强度的贡献率，分别记为 σ_t 和 γ_t，在此基础上，得到农业用水回弹量的最终表达式为 $W_2 - W_1 = \sigma_t\Delta Y_t WI_t$，农业用水预期节约量的最终表达式为 $W_0 - W_1 = \gamma_t Y_{t-1}\Delta WI_t$，并结合式（2－2）得到农业水回弹效应的测算方法。

6.1.2　计算农业用水回弹量

由于农业节水技术水平提高，促使农业用水成本降低，在一定程度上促进农业生产增长，从而促使农业用水量需求增加，依据式（6－2），这部分增加的农业用水回弹量可以表示为：$\Delta Y_t WI_t$，而农业产出增长除了技术进步影响外，还有其他各投入因素驱动，因此我们需要将技术进步对农业产出增长的贡献率进行提取，假设 σ_t 为技术进步对农业经济产出增长的贡献率，则农业用水需求回弹量可表示为：$\sigma_t \times \Delta Y_t WI_t$。

传统方法大多采用全要素生产率 TFP 来表示技术进步对经济增长的贡献率 σ_t，而测算方法则是多借用 C-D 生产函数，估算去除劳动、资本、土地等要素投入之后对农业产出增长贡献的“余值”来表征。但是全要素生产率可以来自技术进步贡献，亦可来源于效率改善，因此借用全要素生产率指标来替代技术进步对农业产出增长的贡献率 σ_t 是不准确的，从而需要借助一定方法将全要素生产率进行分解，进而将技术进步贡献率 σ_t 进行提取。

考虑到 DEA 模型在全要素框架下测算生产效率已被广泛采纳，因此本书在 DEA 分析框架下测算全要素生产率，鉴于基于径向调整的 CCR 模型、BCC 模型以及基于方向向量调整的 DDF 距离函数等均不能很好地考虑投入产出的松弛性问题，而 SBM 模型（Slack Based Measure，SBM）可直接将投入产出松弛量引入目标函数中，解决了投入产出的松弛性问题，同时又避免了由于主观选择径向角度和投入产出导向从而造成测度结果不准确的现象，因此本书在综合考虑资源环境因素下，基于 SBM-DEA 方法构建绿色全要素生产率测度模型。

另外，尽管 SBM-DEA 模型能够合理地测度生产技术效率，但是其数值无法进行直接比较，因此本章基于 SBM 模型方法下测度 Malmquist 指数，将 Malmquist 指数作为全要素生产率，并对此进行分解，从中提取技术进步对经济增长的贡献率。

具体计算步骤如下：

首先，将资源环境纳入全要素生产框架下构造生产可能性集，设生产系统中有 K 个决策单元 DMU_k，每个决策单元包含 N 个投入变量 $x=(x_1, \cdots, x_N)\in R_N^+$，生产出 M 个期望产出 $y=(y_1, \cdots, y_M)\in R_M^+$；在每一个时期 $t=1, 2, \cdots, T$，第 $k(k=1, 2, \cdots, K)$ 个决策单元的投入产出值为（$x^{k,t}$，$y^{k,t}$，$b^{k,t}$）。在满足闭集和有界集、期望产出和投入是可自由处置、零结合公理的假设下，规模报酬不变下的生产可能性集可表示为：

$$P^t(x^t)=\{(x^t, y^t)\mid : x\geqslant X\lambda, y\leqslant Y\lambda, \lambda\geqslant 0\} \qquad (6-3)$$

其次，依据 SBM 模型（Tone，2001），第 k' 个决策单元采用 t 期生产技术前沿下，则 t 期的生产技术效率可由下式计算：

$$d_C^t(x^{t,k'}, y^{t,k'}) = \min \frac{1-\frac{1}{N}\sum_{n=1}^{N}\frac{s_{k'n}^x}{x_{k'n}^t}}{1+\frac{1}{M}\sum_{m=1}^{M}\frac{s_{k'm}^y}{y_{k'm}^t}}$$

$$\text{s.t.}\quad \sum_{k=1}^{K} z_k^t x_{kn}^t + s_{k'n}^x = x_{k'n}^t,\ \forall n = 1, 2, \cdots, N;$$

$$\sum_{k=1}^{K} z_k^t y_{km}^t - s_{k'm}^y = y_{k'm}^t,\ \forall m = 1, 2, \cdots, M; \tag{6-4}$$

$$z_k^t \geqslant 0,\ \forall k = 1, 2, \cdots, K;\ s_{k'n}^x,\ s_{k'm}^y \geqslant 0$$

其中，（$x^{t,k'}$，$y^{t,k'}$）表示第 k' 个决策单元 $DMU_{k'}$ 的投入产出向量，（$s_{k'n}^x$，$s_{k'm}^y$）表示投入产出变量的松弛改变量，目标函数 d_C^t 表示在规模报酬不变下的方向距离函数，其通过最大化所有投入产出的无效率成分来确定效率值，当且仅当 $s_{k'n}^x=0$，$s_{k'm}^y=0$ 时，决策单元是有效的，效率值为1，否则效率值为 $0<d_C^t<1$。

最后，采用法勒等（Färe et al.，1994）定义的 Malmquist 生产率指数来描述农业部门的全要素生产率变化，从 t 期和 $t+1$ 期的 Malmquist 全要素生产率指数可表示为：

$$TFP_t^{t+1} = \left\{\frac{d_C^t(x^{t+1}, y^{t+1})}{d_C^t(x^t, y^t)} \times \frac{d_C^{t+1}(x^{t+1}, y^{t+1})}{d_C^{t+1}(x^t, y^t)}\right\}^{1/2} \tag{6-5}$$

式（6-5）中，$d_C^t(x^t, y^t)$，$d_C^{t+1}(x^{t+1}, y^{t+1})$ 分别表示第 k' 个决策单元 $DMU_{k'}$ 处于 t、$t+1$ 期生产前沿技术下 $t(t+1)$ 期的技术效率值，$d_C^t(x^{t+1}, y^{t+1})$ 表示第 k' 个决策单元 $DMU_{k'}$ 基于 t 期的生产前沿技术下在 $t+1$ 时期的技术效率值，而 $d_C^{t+1}(x^t, y^t)$ 表示 $DMU_{k'}$ 基于 $t+1$ 期的生产前沿技术下在 t 时期的技术效率值，上述4个效率值均由式（6-4）计算可得。

Malmquist 全要素生产率指数可以进一步分解为效率变化（$EFFCH$）和技术进步变化（$TECH$），即：

$$TFP_t^{t+1} = TECH_t^{t+1} \times EFFCH_t^{t+1} \tag{6-6}$$

当 $TFP_t^{t+1}>1$ 时，生产技术在进步，当 $TFP_t^{t+1}<1$ 时，意味着生产技术在退步。在式（6-6）中，

$$TECH_t^{t+1} = \left\{\frac{d_C^t(x^{t+1}, y^{t+1})}{d_C^{t+1}(x^{t+1}, y^{t+!})} \times \frac{d_C^t(x^t, y^t)}{d_C^{t+1}(x^t, y^t)}\right\}^{1/2} \tag{6-7}$$

$$EFFCH_t^{t+1} = \frac{d_C^{t+1}(x^{t+1}, y^{t+!})}{d_C^t(x^t, y^t)} \tag{6-8}$$

其中，技术进步变化 $TECH$ 表示 $t+1$ 期的生产前沿相对于 t 期的生产前沿是否有所推进，当 $TECH>1$ 时，表示技术进步，$TECH<1$ 时表示技术倒退；而 $EFFCH$ 表示效率变化，即 $t+1$ 期相对于生产前沿的距离与 t 期相比是否提高，当 $EFFCH>1$ 时表示效率提高，$EFFCH<1$ 时表示效率恶化。

基于式（6-7），技术进步可以从 Malmquist 全要素生产率指数中提取出来，因此技术进步率可以表示为：

$$\rho_{it} = TECH_{i,t}^{t+1} - 1 \tag{6-9}$$

同时，基于计算公式（Zhou and Lin，2007；Wang and Zhou，2008），$g_{Y_{it}}$表示经济增长率，则技术进步对经济增长的贡献率可以表示为：

$$\sigma_{it} = \rho_{it}/g_{Y_{it}} \tag{6-10}$$

因此，各省每年农业用水需求回弹量为：

$$E_2 - E_1 = \sigma_{it} \times \Delta Y_{it} WI_{it} \tag{6-11}$$

6.1.3 计算农业用水预期节约量

在计算农业用水预期节约量时，依据式（6-2），由于农业用水强度下降从而产生的预期节水量可表示为：$Y_{t-1}\Delta WI_t$。但是需要注意的是，农业用水强度变化不仅包含了技术进步驱动效应，还会有结构效应等其他影响，因此本节参考研究（Yang and Li，2017），基于 LMDI 方法将农业用水强度进行分解，从而将技术进步对农业用水强度影响的贡献率单独提取出来，进而测算农业用水预期节约量。

假设 W 和 W_j分别表示全国各省农业用水量和第 j（$j=1, 2, \cdots, n$）种农作物用水量，Y 和 Y_j分别表示农作物总产量和第 j 种农作物产量。那么农业用水量可分解为：

$$W = \sum_{j=1}^{n} W_j = \sum_{j=1}^{n} \frac{W_j}{Y_j} \times \frac{Y_j}{Y} \times Y \qquad (6-12)$$

其中，$n=3$，分别表示主要的粮食作物包含水稻（$n=1$），小麦（$n=2$），玉米（$n=3$）。将式（6－12）两边同除以 Y，可以得到下式：

$$WI = \frac{W}{Y} = \sum_{j=1}^{n} \frac{W_j}{Y_j} \times \frac{Y_j}{Y} = \sum_{j=1}^{n} I_j \times S_j \qquad (6-13)$$

其中，$I_j = W_j/Y_j$ 表示每种农作物用水量与其产量之比，表征该农作物用水强度指标，界定为技术进步效应，而 $S_j = Y_j/Y$ 表示第 j 种农作物产量占农业总产值比重，界定为农业种植结构效应。

LMDI 方法有加法模型和乘法模型两种，两者可以互相转换，考虑到解释的便捷性，本章采用加法分解模型进行测算。

引入时间因素，则式（6－13）变为：

$$\dot{WI} = \sum_{j} \dot{I}_j \times S_j + \sum_{J} \dot{S}_j \times I_j \qquad (6-14)$$

将式（6－14）改为增长率的形式，则变为：

$$\dot{WI} = \sum_{j} g_{I_j} \times w_j + \sum_{j} g_{S_j} \times w_j \qquad (6-15)$$

其中，g 表示增长率，w_j表示权数，并且 $w_j = I_j \times S_j$，假定时间从 $t-1$ 变化到 t 期，对式（6－15）进行积分，得到如下：

$$\Delta WI = \int_{t-1}^{t} g_{I_j} \times w_j dt + \int_{t-1}^{t} g_{S_j} \times w_j dt \qquad (6-16)$$

其中，ΔWI 表示农业用水强度变化量，权数 w_j取对数均值函数，形式如式（6－17）所示：

$$\begin{cases} f(x, y) = (y-x)/\ln(y/x), & x \neq y \\ f(x, x) = x, & x = y \\ f(0, y) = f(x, 0) = 0 \end{cases} \qquad (6-17)$$

因此，得到权数函数为：

$$w_j = \frac{W_j^T/Y^T - W_j^0/Y^0}{\ln(W_j^T/Y^T) - \ln(W_j^0/Y^0)} \qquad (6-18)$$

将式（6－18）代入式（6－16），得到农业用水强度变化的两个驱动因素，分解为下式：

$$\Delta WI = \Delta WI_{intensity} + \Delta WI_{j-structure} \tag{6-19}$$

$$\Delta WI_{intensity} = \sum_{j=1}^{n} \frac{W_j^T/Y^T - W_j^0/Y^0}{\ln(W_j^T/Y^T) - \ln(W_j^0/Y^0)} \ln\left(\frac{I_j^T}{I_j^0}\right) \tag{6-20}$$

$$\Delta WI_{j-structure} = \sum_{j=1}^{n} \frac{W_j^T/Y^T - W_j^0/Y^0}{\ln(W_j^T/Y^T) - \ln(W_j^0/Y^0)} \ln\left(\frac{S_j^T}{S_j^0}\right) \tag{6-21}$$

其中，$\Delta WI_{intensity}$和$\Delta WI_{j-strucure}$分别表示农业技术进步效应和农业种植结构效应，则技术进步对农业用水强度效应的贡献率可表示为：

$$\gamma = \Delta WI_{intensity} / \Delta WI \tag{6-22}$$

由式（6－2）得到各省每年农业用水预期节约量为：

$$E_0 - E_1 = \gamma_{it} Y_{i,t-1} \Delta WI_{it} \tag{6-23}$$

最后，结合式（2－2），得到全国各省农业水回弹效应计算公式如下：

$$RE_{it} = \frac{E_2 - E_1}{E_0 - E_1} = \frac{\sigma_{it} \Delta Y_{it} WI_{it}}{\gamma_{it} Y_{i,t-1} \Delta WI_{it}} \tag{6-24}$$

6.2 指标设定与数据来源

本章基于 SBM 模型测算 Malmquist 全要素生产率指数，并对其进行分解，从中提取技术进步对经济增长贡献率，由于西藏数据缺失，因此仅计算全国 30 个省份（区、市）1998～2016 年的农业用水需求回弹量，测算中所需的投入和期望产出指标包含了劳动力、土地、机械总动力、化肥农药、农业用水量和农业总产出数据。所有经济指标均以 1998 年为基期进行了调整。数据选取参考表 4－1。

另外，本章基于 LMDI 方法分解农业用水强度，涉及数据包括农业用水总量、农作物总产出和 3 种主要粮食作物（水稻、小麦、玉米）的用水量和产出数据，由于具体各农作物耗水量数据缺失，因此本章采用各农作物产量除以各农作物灌溉水分生产率来近似推算，所有数据均来自于1999～2017年《中国统计年鉴》和《中国农业统计年鉴》，所有变量的描述性统计结果如表6－1所示。

表6－1　变量的描述性统计结果

变量	单位	均值	标准差	最小值	最大值
农业用水量	亿立方米	123.6	99.6	6.0	561.8
劳动力	万人	959.8	731.0	33.4	3 558.6
土地	千公顷	1 936.6	1 456.0	128.5	5 932.7
机械总动力	万千瓦	2 595.4	2 594.7	95.3	13 353.0
化肥	万吨	169.1	134.3	6.6	716.1
农业总产出	万吨	1 143.4	902.0	58.4	4 694.3
用水量（水稻）	亿立方米	79.8	87.0	0.0	330.6
用水量（小麦）	亿立方米	30.7	54.6	0.0	294.2
用水量（玉米）	亿立方米	26.5	32.3	0.0	173.7
产出（水稻）	万吨	638.4	695.6	0.0	2 644.8
产出（小麦）	万吨	365.7	649.8	0.0	3 501.0
产出（玉米）	万吨	539.5	659.4	0.0	3 544.1

资料来源：笔者依据历年《中国统计年鉴》和《中国农业统计年鉴》数据计算得到。

6.3　实证分析

6.3.1　分解结果

表6－2左列呈现的是基于SBM模型测度出的Malmquist全要素生产率指数及其分解结果。如表6－2所示，1998～2016年，我国农

业部门年均全要素生产率增长5%，效率呈现后退态势（－2%），而技术水平呈现进步状态（7%）。从地区来看，只有海南省农业部门呈现出全要素生产率退步（0.98＜1），而其余省份则出现不同程度的生产率进步（1.01－1.23）。从全要素生产率TFP分解结果来看，技术进步是促使全要素生产率提高的主要驱动力，全国所有省份均呈现出技术进步（*TECH*均介于1.02～1.15之间），而大部分省份的效率却在退步，只有北京市、福建省、山东省和海南省效率在提高，这也意味着只有这些省份的技术效率在朝着生产前沿面赶超。

表6－2　基于SBM-Malmquist指数和LMDI模型的分解结果

地区	SBM-Malmquist指数				LMDI模型	
	TFP	*TECH*	*EFFCH*	ρ_{it}（%）	技术进步贡献率（γ_{it}）（%）	种植结构贡献率（%）
北京	1.23	1.13	1.11	12.6	98.9	1.1
天津	1.03	1.06	0.98	6.4	73.2	26.8
河北	1.04	1.06	0.98	6.3	98.5	1.5
山西	1.04	1.06	0.98	6.5	101.5	－1.5
内蒙古	1.01	1.06	0.96	5.5	105.0	－5.0
辽宁	1.07	1.10	0.97	10.4	83.3	16.7
吉林	1.00	1.06	0.95	5.9	101.7	－1.7
黑龙江	1.01	1.06	0.96	5.5	52.5	47.5
上海	1.04	1.04	1.00	4.4	46.5	53.5
江苏	1.03	1.06	0.98	6.1	105.7	－5.7
浙江	1.06	1.08	1.00	7.5	85.4	14.6
安徽	1.01	1.06	0.96	5.6	104.7	－4.7
福建	1.14	1.15	1.02	14.8	97.9	2.1
江西	1.02	1.06	0.97	5.5	101.1	－1.1
山东	1.10	1.08	1.03	8.3	102.0	－2.0
河南	1.08	1.10	0.98	10.0	103.0	－3.0
湖北	1.03	1.06	0.97	6.2	64.4	35.6
湖南	1.09	1.06	1.04	5.5	104.3	－4.3
广东	1.01	1.04	0.98	3.7	96.8	3.2
广西	1.02	1.05	0.97	5.3	97.1	2.9

续表

地区	SBM-Malmquist 指数				LMDI 模型	
	TFP	*TECH*	*EFFCH*	ρ_{it}（%）	技术进步贡献率（γ_{it}）（%）	种植结构贡献率（%）
海南	0.98	1.02	0.96	2.2	98.1	1.9
重庆	1.03	1.07	0.98	6.6	70.8	29.2
四川	1.07	1.09	0.97	9.3	96.8	3.2
贵州	1.04	1.06	0.98	5.8	99.4	0.6
云南	1.02	1.05	0.97	5.4	97.0	3.0
陕西	1.04	1.06	0.98	5.7	100.0	0.0
甘肃	1.02	1.05	0.97	5.5	98.9	1.1
青海	1.04	1.05	0.99	5.4	100.2	-0.2
宁夏	1.03	1.05	0.98	5.5	71.5	28.5
新疆	1.01	1.06	0.95	5.6	104.2	-4.2
全国平均	1.05	1.07	0.98	6.6	92.0	8.0

资料来源：笔者依据本章公式计算得到。

表6-2右列呈现的是LMDI模型的分解结果，从中可以看出，技术进步是农业用水强度变化的主要推动力，我们将农业用水强度变化设定为100%，那么全国平均技术进步贡献率为92%，其中江苏省技术进步效应最高（105.7%），而上海市的技术进步效应最低（46.5%），另外，不论从地区层面还是全国层面来看，种植结构对农业用水强度的影响程度均很小。

6.3.2 农业水回弹效应的计算结果

6.3.2.1 图形直观检验

从全国层面和各地区视角下，我们直观分析随着农业用水效率的变化，是否会对农业用水产生回弹效应。考虑到节水灌溉面积占比（节水灌溉面积占有效灌溉面积比例）经常被用来衡量农业灌溉技术水平，因此本节构建全国层面上节水灌溉面积占比和农业用水量的历年散点图。如图6-1所示，全国农业节水灌溉面积占比从1998年的29.14%上升到2012年的49.95%，年均增长4%，2013~2016年年均增长4.63%。同时全国农业用水量总体变化平缓，呈现轻微增长态势，年均涨幅0.06%，从全国层面上看，伴随着农业用水效率的提高，农业用水并未如预期般逐年下降，反而呈现不降反升的现象，直观检验存在农业用水回弹效应。

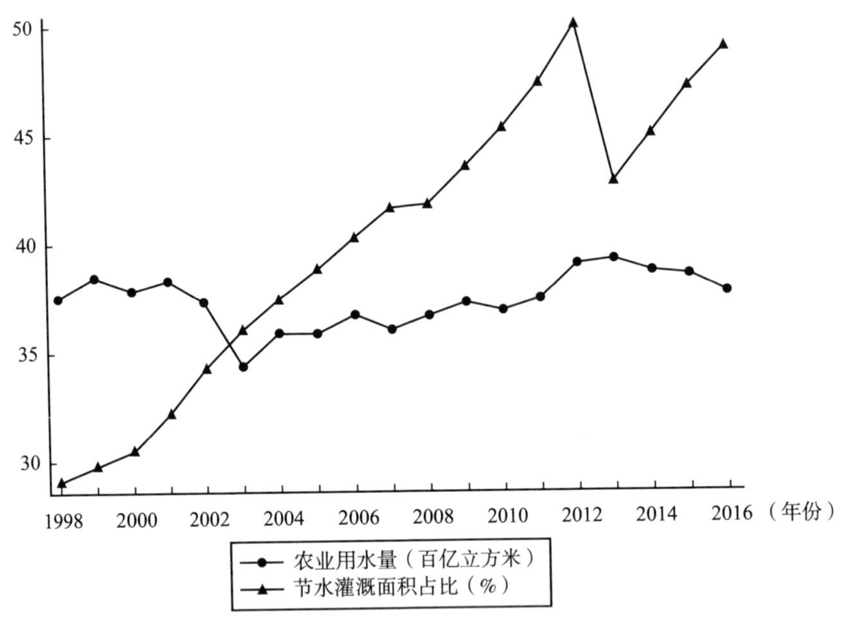

图6-1　1998~2016年全国农业用水量和节水灌溉面积占比历年演变情况

资料来源：笔者绘制。

我们构建了六大区域下年均农业用水量和节水灌溉面积占比的散点图。如图6-2所示，随着节水灌溉面积占比增加，西南、东北、东南沿海地区的农业用水量并未随之减少，且不同区域间农业用水量

与节水灌溉面积占比的关系存在较大差异性，这就意味着各地可能存在农业水回弹效应，且回弹效应存在显著的地区差异性。

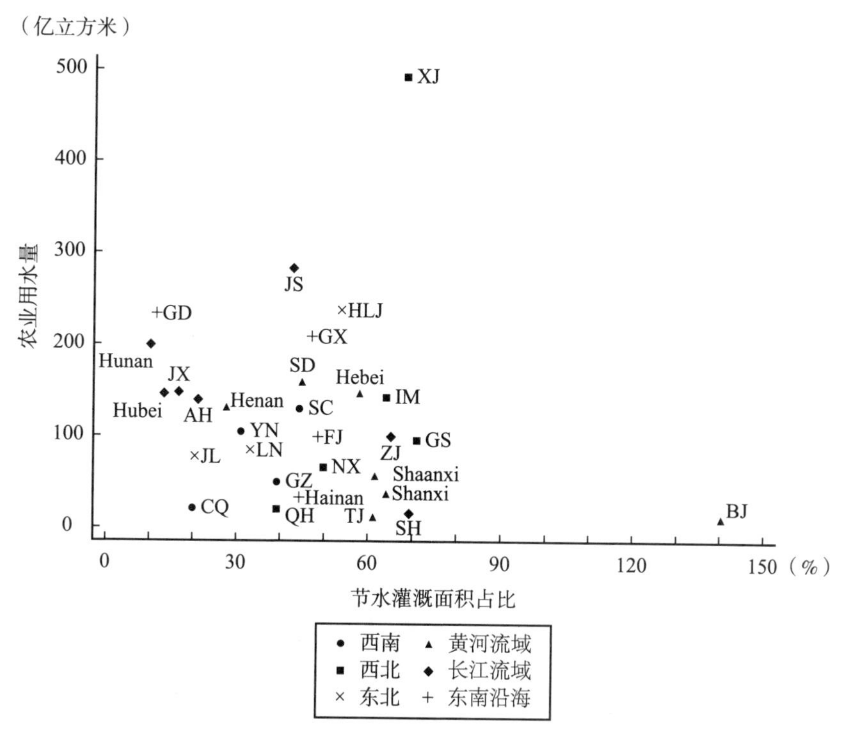

图 6 - 2　1998 ~ 2006 年各地年均农业用水量和节水灌溉面积占比散点

资料来源：笔者绘制。

从图 6 - 1 和图 6 - 2 均可以看出，提高节水灌溉面积占比，并未对中国大部分地区产生积极的节水效应。说明在农业水资源使用过程中，提高农业用水效率，在预期节约农业水资源的同时，可能同样会促使农业生产持续扩张，产生新的农业水资源需求，导致这部分新增加的需求量部分甚至完全抵消其节约的农业用水量，从而产生农业用水的“回弹效应”，导致农业节水成效不高。

由于回弹效应的大小在很大程度上决定着提高农业用水效率对于降低农业用水量的有效程度，因此接下去我们实证测算中国各省份农业用水"回弹效应"的大小程度。

6.3.2.2 基于用水回弹量和预期节水量的测算结果

1998~2016年，中国30个省（区、市）年均农业水回弹效应的测算结果如图6-3和表6-3所示。从图6-3可以看出，中国年均农业水回弹效应为70.3%，也就意味着由于技术进步导致预期节约的农业用水量中大约有70.3%的水资源会被农业经济扩张带来的农业用水回弹量所抵消，农业水回弹效应整体较高，技术进步的节水成效性存在其他因素的制约，有较大的阻力性。

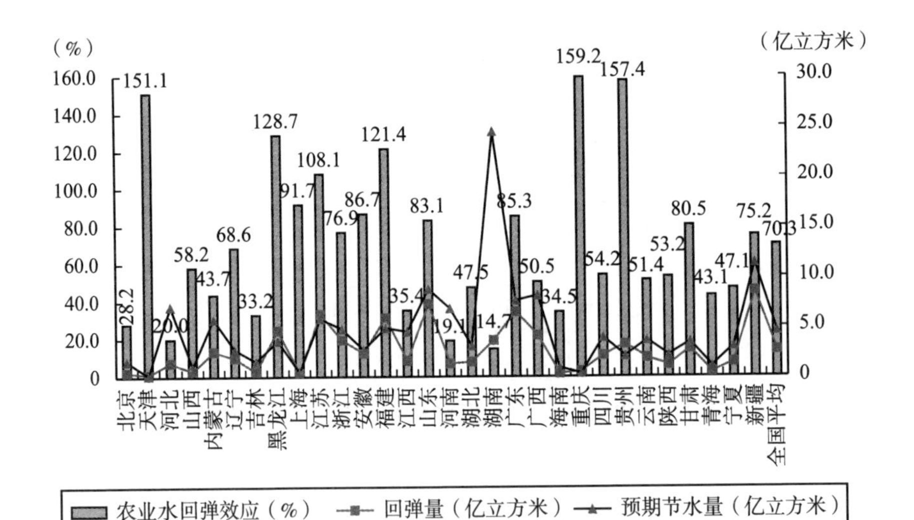

图6-3 1998~2016年中国30个省（区、市）农业水"回弹效应"测算结果

资料来源：笔者绘制。

从地区来看，重庆市的回弹效应最高，为159.2%，紧随其后的是贵州省（157.4%）、天津市（151.1%）、黑龙江省（128.7%）、福建省（121.4%）和江苏省（108.1%），其余24个省（区、市）回弹效应均低于100%；湖南省回弹效应最低，为14.7%，紧随其后的分别是河南省（19.1%）、河北省（20.0%）、北京市（28.2%）

和吉林省（33.2%）。总体来说，30个省（区、市）回弹效应均为正且位于14.7%～159.2%之间。这就意味着全国所有地区均存在一定程度的农业水回弹效应，提高节水技术进步作为唯一的农业节水政策将达不到预期的成效，需要其他政策辅以实施。

同时我们注意到，图6-3中的两条曲线分别表示预期节水量和用水回弹量，回弹效应最高的省份并不一定位于回弹量最大的地区，同样的，回弹效应最低的省份也不一定位于回弹量最小的地区，回弹效应的大小主要取决于回弹量和预期节水量的差异，如果回弹量高而预期节水量低，则回弹效应高，因此这些省份出现高回弹效应仅仅是因为相比他们各自的预期节水量而言，农业用水的需求回弹量较高，而出现低回弹效应的省份，则往往是预期节水量相对于回弹量而言较大的地区。

为了更清晰地呈现地区间“回弹效应”的差异性，我们依据中国农业资源承载力、环境容量、生态类型和发展基础等因素，参考研究王和赵（Wang and Zhao，2008）和《全国农业可持续发展规划（2015—2030）》，将全国划分为优化发展区、适度发展区和保护发展区，将全国30个省（区、市）划分为西南、西北、黄河流域、长江流域、东南沿海和东北六大区域。

依据回弹效应的定义，当回弹效应介于0～100%之间时，称为“偏回弹效应”，回弹效应超过100%的，称为“回火效应”。另外为了更好地进行地区间结果比对，我们将“偏回弹效应”的省（区、市）进行均分，等分为3段区间，依次记为低偏回弹效应（$RE \leqslant 35\%$）、中偏回弹效应（$35\% < RE < 55\%$）和高偏回弹效应（$55\% \leqslant RE \leqslant 100\%$），然后依据回弹效应数值，将六大区域内的各省（区、市）进行汇总，得到表6-3。

表6－3　1998～2016年六大区域的农业水回弹效应测算结果

区域	西南（51.4～159.2）	西北（43.1～80.5）	黄河流域（19.1～151.1）	长江流域（14.7～108.1）	东南沿海（34.5～121.4）	东北（33.2～128.7）
低偏回弹（$RE \leqslant 35\%$）			北京、河南、河北	湖南	海南	吉林
中偏回弹（$35\% < RE < 55\%$）	四川 云南	内蒙古、青海 宁夏	陕西	湖北、江西	广西	
高偏回弹（$55\% \leqslant RE \leqslant 100\%$）		甘肃 新疆	山东 山西	安徽、上海 浙江	广东	辽宁
回火（$RE > 100\%$）	贵州 重庆		天津	江苏	福建	黑龙江

资料来源：笔者绘制。

从表6－3可以看出，六大区域间农业用水回弹效应的差异性很大，西南地区平均回弹效应最高为105.5%，随后是东北地区（76.8%）、东部沿海（72.9%）、长江流域（65.8%）、黄河流域（59.0%），最低的是西北地区（57.9%）。而区域内部的差异性也很大，如江苏省、湖北省和湖南省同属于长江流域，江苏省（108.1%）的回弹效应要远远高于湖北省（47.5%）和湖南省（14.7%）；而宁夏回族自治区和新疆维吾尔自治区同属于西北地区，前者回弹效应较低为47.1%，而后者的回弹效应较高为75.2%。

由于区域的划分已经充分考虑到了农业生产的自然地理和历史条件，但在同一片区域下，农业水回弹效应仍然存在巨大的差异性，出现这种异质性的背后根源是什么，值得我们继续深入挖掘。江苏省、湖北省和湖南省虽然同属农业发展区域，但是江苏省的人均水资源量（历年均值为559立方米/人）要远远低于湖北省（1 714立方米/人）和湖南省（2 746立方米/人），而宁夏回族自治区与新疆维吾尔自治区相比，宁夏回族自治区的粮食作物占农作物总播种面积之比（历年均值为70%）要远远高于新疆维吾尔自治区（41%），是否由于水资源禀赋和种植结构的差异性导致了同一片区域下回弹效应的不同，接下来我们就对这个问题做进一步的扩展性分析。

6.3.3　地区回弹效应差异性的原因分析

6.3.3.1　水资源禀赋与回弹效应

现有文献的研究结果表明，当人们对某种资源服务的需求没有得到满足时，技术进步会产生大规模的资源需求的回弹效应，而当需求接近饱和时，回弹效应会相对较小，如有学者研究发现，相对于发达国家，发展中国家的家庭用电和燃油需求的回弹效应较大（Belaïd et al.，2018），而对于中国客运交通消费需求的分析来看，西部不发达地区相对于江浙沪地区，其回弹效应也较大（Wang and Lu，2014）。那么在农业领域，农业水回弹效应是否和当地的水资源禀赋呈现负相关关系呢？

图6－4揭示的是不同水资源禀赋下农业用水回弹效应的差异性。

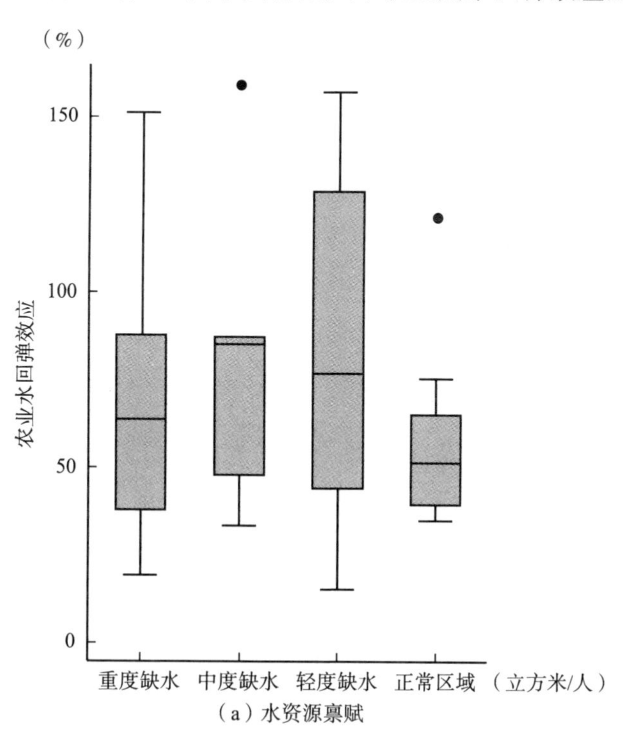

（a）水资源禀赋

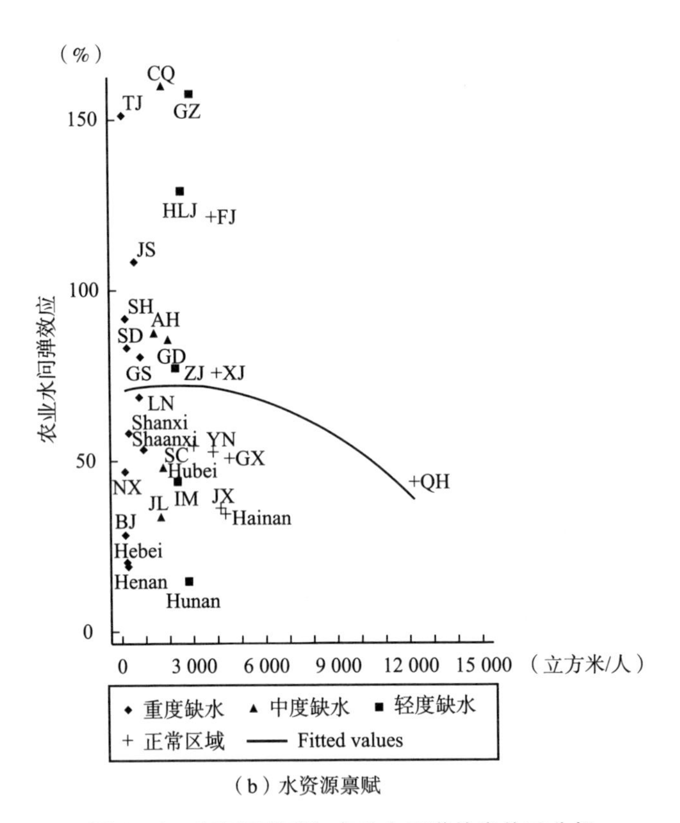

（b）水资源禀赋

图6-4　水资源禀赋与农业水回弹效应关系分析

资料来源：笔者绘制。

根据国际公认的缺水标准，依次将30个省（区、市）分为4个等级：重度缺水（人均水资源量低于1 000立方米）；中度缺水（人均水资源量低于2 000立方米）；轻度缺水（人均水资源量低于3 000立方米）和正常区域（人均水资源量高于3 000立方米）。

从图6-4可以看出，从重度缺水地区到中度缺水地区，回弹效应平均水平在上升，而地区间的差异性在缩小；从中度缺水区域→轻度缺水区域→正常区域，回弹效应平均水平呈现下降态势，且地区间的离差也在逐渐缩小。重度缺水区域和其他区域反映出的现象不同，主要是由于该地区缺水严重，水资源需求完全没有得到满足，因此即便从重度缺水到适度缺水，人均水资源量增加，农业用水“回弹效应”还是在进一步增加，但同时我们也注意到，该地区间“回弹效应”的差异在逐渐缩小，说明虽然平均“回弹效应”在增加，但部分省份的回弹效果也在逐渐减轻，呈现出个体离差缩小的态势，即伴随着水资源禀赋的增加，农业用水回弹现象还是得到了一定抑制。

总体来看，水资源禀赋与农业水回弹效应呈现出负相关，这和能源资源呈现出类似的现象，即随着人均水资源量逐渐增加，当农业用水需求慢慢得到满足后，农业用水的回弹效应将会随之变小。

6.3.3.2　种植结构与回弹效应

图6－5依次显示的是两种不同种植结构下的农业用水回弹效应结果，前者表示只考虑粮食作物播种结构即稻谷小麦玉米，而后者种植结构则包含了所有主要农作物如稻谷小麦玉米、经济作物和蔬菜类。前者表示农户仅能在粮食作物内自主选择播种类型，而后者则可在所有主要农作物内进行自主选择。由于前后两者回弹效应的差别仅体现在种植结构上，因此可以揭示技术进步提高会多大程度上转变农户的播种行为，从而改变农业水回弹效应。

从图6－5中可以看出，相比只能选择播种粮食作物，当农户可以自由选择所有农作物时，农业水回弹效应的整体水平在显著增加，各分位数、中位数和均值均在提高；另外，随着农户播种选择可能性的增大，回弹效应的方差也在增加，并且出现了明显的地区差异性。

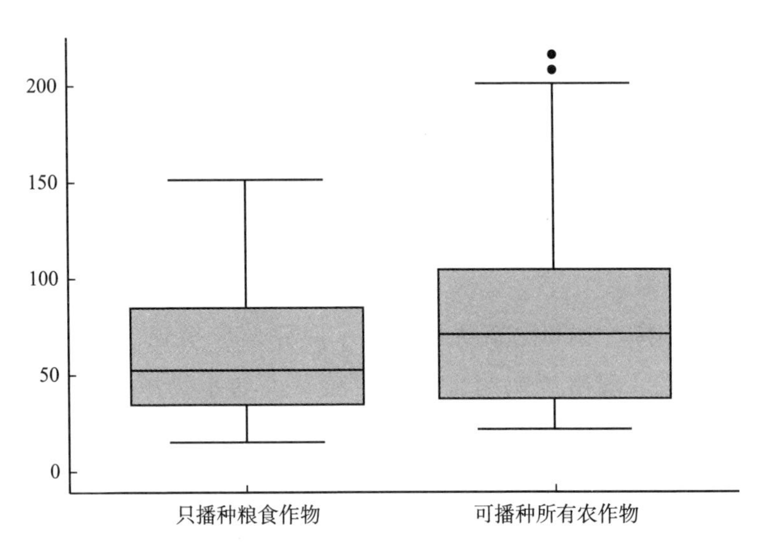

图6－5　不同种植结构下的农业水回弹效应分析

资料来源：笔者绘制。

这也就意味着，随着农业灌溉技术水平提高，会促使农户重新调整其种植结构，从而造成农业水回弹效应，如果农户能在所有农作物中任意选择播种类型，其会选择播种更多的耗水型农作物如经济和蔬菜类作物，从而造成"回弹效应"的显著增加，这一现象在全国大部分省（区、市）都存在，同时地区间也存在显著的差异性。这一结论旨在给出一点警示，即如果某地区农业生产条件适合多种农作物播种，技术进步可能会导致该地的农业水回弹效应较之别的地区更高，那么政府在制定农业节水政策时需要综合考虑这点因素。

6.3.3.3　灌溉土地面积与回弹效应

随着农业灌溉技术水平的提高，农业用水量可能会随着农业产出扩张而增加，此时如果可获得的农业灌溉土地面积是受到限制的，那么农业用水量可能也会保持不变。因此本节中，我们将验证农业水回弹效应与灌溉土地面积的关系，检验农业水回弹效应是否会受到可获得的灌溉土地面积的影响。

依据灌溉土地面积大小，我们将全国 30 个省（区、市）均等分为 4 类：灌溉土地面积小、较小、中等和较大区域。如图 6－6 所示，在灌溉土地不多时，随着土地面积增加，农业水回弹效应平均呈现出递减的态势。当灌溉土地面积较大时，从面积中等大小增长到较大时，农业水回弹效应会呈现出递增变化。这意味着，农业水回弹效应和灌溉土地面积呈现出“U”形曲线特征。

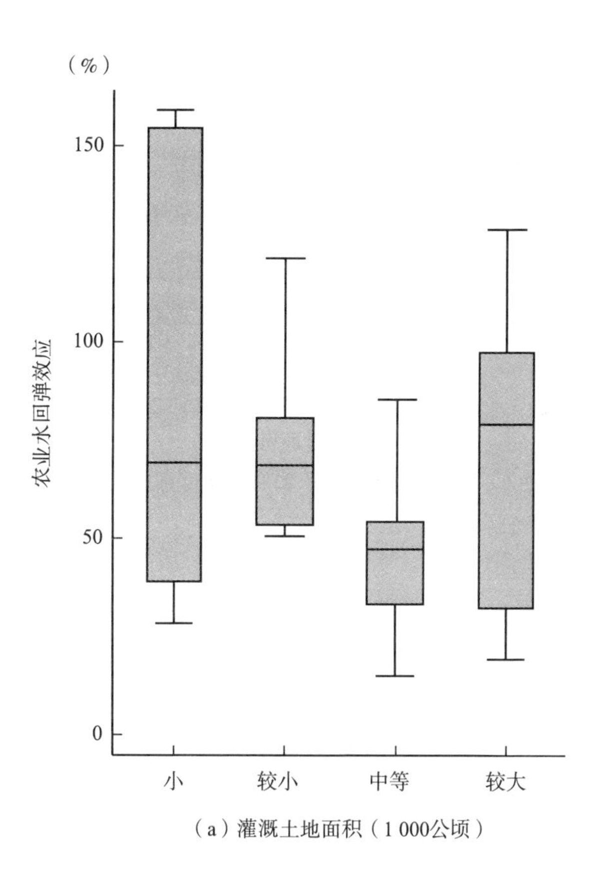

（a）灌溉土地面积（1 000公顷）

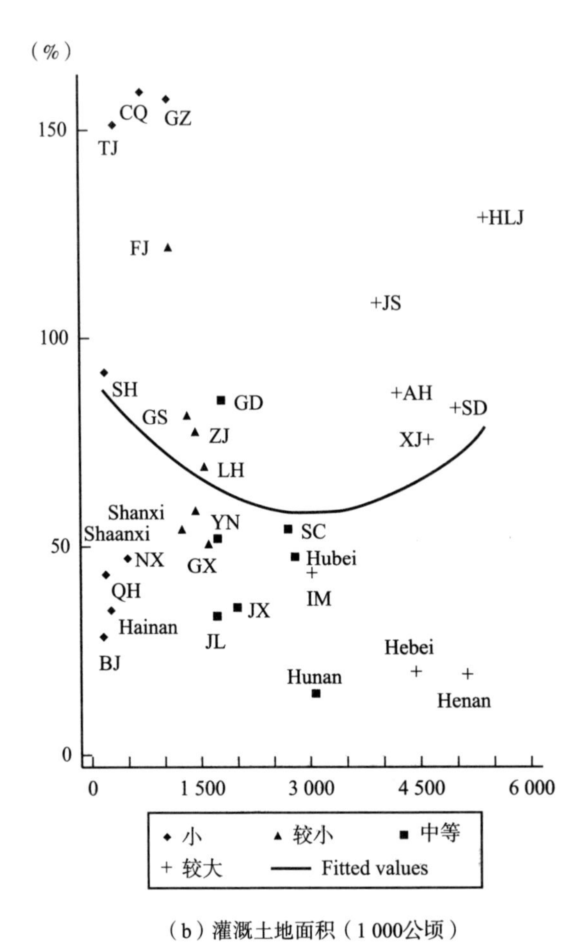

（b）灌溉土地面积（1 000公顷）

图 6-6　灌溉土地面积和农业水回弹效应分析

资料来源：笔者绘制。

通过比较不同类区域下各地经济作物的种植情况，我们发现灌溉土地面积较大区域下的经济作物播种量最大，其产量为 23 409.1 千克/公顷，而中等面积区域经济作物年均产量为 16 766.9 千克/公顷，而全国平均水平为 23 180.5 千克/公顷。可见，随着灌溉土地面积增加，农户们更倾向于播种耗水型作物如经济作物，灌溉技术提高下此结果也仍然成立，从而导致了较高的农业水回弹效应。

总的来说，相对于灌溉土地面积较大地区，灌溉土地受限制且面积较小的地区将面临更大的农业水回弹效应。这条结论给地方政府提供了一定的政策启示，即农业节水政策设计需要综合考虑地区的地理条件、种植情况和可获得的灌溉土地条件等，尤其需要关注那些可以播种多类农作物或者可获得的灌溉土地面积较大地区等。

6.4　本章小结

本章借助回弹效应的定义，揭示灌溉技术进步在对农业节水产生“直接”和“间接”作用的同时，亦可能出现节水阻力，表现出农业水“回弹效应”。具体的测算方法则是结合了 SBM-Malmquist 指数和 LMDI 模型，通过这两类模型提取灌溉技术进步对农业经济增长和农业用水强度的贡献率，从而测算了 1998～2016 年我国 30 个省（区、市）农业水回弹效应的大小，并比较了区域间和区域内农业水“回弹效应”的大小程度，揭示地区间“回弹效应”的差异性。本章通过测算“回弹效应”的大小，实证检验了“回弹效应”影响路径会在一定程度上抵消灌溉技术进步的直接和间接节水效果，从而使灌溉技术进步不能实现预期的节水效果。

结合上述分析结果，本章得到如下主要结论：

（1）模型分解结果显示，灌溉技术进步是促使社会全要素生产率提高和农业用水强度下降的主要驱动力，效率变化和种植结构分别对经济增长和农业用水强度的影响程度较小。

（2）全国测算结果显示，中国年均农业水回弹效应为 70.3%，也就意味着由于灌溉技术进步导致预期节约的农业用水量中大约有 70.3% 的水资源会被农业经济扩张带来的农业用水回弹量所抵消，农业水回弹效应整体较高。由于“回弹效应”的存在使得灌溉技术进步对农业用水的“直接”和“间接”节水效果大打折扣，灌溉技术进步并不能实现预期的节水成效。

（3）区域间测算结果显示，农业水回弹效应的地区间差异性较大，西南地区最高，西北地区最低，而东北地区、黄河流域、长江流域和东南沿海地区的“回弹效应”则位居其中；另外，同一区域内的各省份间的“回弹效应”也呈现出显著不同。

（4）地区间回弹效应差异性根源分析结果显示，水资源禀赋和灌溉土地面积对农业水回弹效应影响较大。如果人均水资源量逐渐增加，当地区的农业用水需求慢慢得到满足后，农业水回弹效应将会随之变小，即水资源禀赋和农业用水回弹效应呈现出负相关；灌溉土地面积与农业水回弹效应呈现“U”形关系，相对于灌溉土地面积较大地区，灌溉土地受限制且面积较小的地区将面临更大的农业水回弹效应，政府在制定农业节水政策时需要综合考虑这些因素。

第7章 “回弹效应”视角下农业节水的调节对策分析

第5章和第6章分别检验了灌溉技术进步会经由直接效应、间接效应和回弹效应路径对农业节水产生影响，那么在此影响过程中，会有什么因素对灌溉技术进步的农业节水能力产生调节作用？本章首先依据技术创新理论，在技术层面上，针对农业灌溉技术的无效成分，实证检验R&D资金投入、教育技术培训和政府财政支持这三类宏观农业政策的调节作用；其次，考虑到灌溉技术进步可能造成农业用水的回弹效应，这就导致仅仅通过调节技术无效成分，将无法实现灌溉技术进步的预期节水效果，因此本章从管理层面上，研究农业水价和水权交易这两类市场调控型政策是如何经由价格机制和利益机制对农业节水产生调节作用。最终本章通过技术和管理两层面上的调节对策分析，挖掘在技术创新和管理制度创新方面改善灌溉技术进步节水能力的对策建议。

7.1 模型设置与估计方法

7.1.1 模型设置

7.1.1.1 技术层面上的调节对策模型

本章拟从R&D资金投入、教育技术培训和政府财政支持三项调节因素入手，分析其对灌溉技术进步节水效果的调节作用。在模型设定方面，基于灌溉技术进步对农业节水影响的基准模型，参考模型（5－4），分别构建灌溉技术进步指标和这三项调节因素的交乘项，引入模型（5－4）中。同时为了更好地识别出这三项因素的调节效应，对变量的交乘项进行中心化处理，从而降低模型可能产生的多重共线性的影响。技术层面上的调节对策模型设定如下：

$$W_{it} = \alpha_0 + \alpha_1 INN_{it} + \beta_1 INN_{it} \times RDIN_{it} + \alpha_2 AGDP_{it} + \alpha_3 IRR_{it} + \lambda X_{it} + \mu_i + \upsilon_t + \varepsilon_{it} \quad (7-1)$$

$$W_{it} = \alpha_0 + \alpha_1 INN_{it} + \gamma_1 INN_{it} \times EDU_{it} + \alpha_2 AGDP_{it} + \alpha_3 IRR_{it} + \lambda X_{it} + \mu_i + \upsilon_t + \varepsilon_{it} \quad (7-2)$$

$$W_{it} = \alpha_0 + \alpha_1 INN_{it} + \delta_1 INN_{it} \times FIN_{it} + \alpha_2 AGDP_{it} + \alpha_3 IRR_{it} + \lambda X_{it} + \mu_i + \upsilon_t + \varepsilon_{it} \quad (7-3)$$

其中，W_{it}，INN_{it}，$AGDP_{it}$，IRR_{it}，X_{it}分别表示第 i 个地区第 t 年的农业用水量、灌溉技术进步、亩均农业总产值、有效灌溉面积和一系列可能影响农业用水量的控制变量如降水量、水资源禀赋、城市化率、劳动力数量等。$RDIN_{it}$表示第 i 个地区第 t 年的 R&D 资金投入，EDU_{it}表示第 i 个地区第 t 年的教育技术培训水平，FIN_{it}表示第 i 个地区第 t 年的政府财政支持指标。系数 β_1，γ_1，δ_1 为待估计系数，分别表示 R&D 资金投入、教育技术培训和政府财政支持这三类宏观农业政策在技术层面上的调节作用。

7.1.1.2 管理层面上的调节对策模型设置

本章拟从农业水价和水权交易两项调节因素入手，分析其对灌溉技术进步节水效果的调节作用。在模型设定方面，基于灌溉技术进步对农业节水影响的基准模型，参考模型（5－4），分别构建灌溉技术进步指标和这两项调节因素的交乘项，引入模型（5－4）中。管理层面上的调节对策模型设定如下：

$$W_{it}=\alpha_0+\alpha_1 INN_{it}+\eta_1 INN_{it}\times PRI_{it}+\alpha_2 AGDP_{it}+\alpha_3 IRR_{it}+\lambda X_{it}+\mu_i+\upsilon_t+\varepsilon_{it} \quad (7-4)$$

$$W_{it}=\alpha_0+\alpha_1 INN_{it}+\rho_1 INN_{it}\times TRA_{it}+\alpha_2 AGDP_{it}+\alpha_3 IRR_{it}+\lambda X_{it}+\mu_i+\upsilon_t+\varepsilon_{it} \quad (7-5)$$

其中，W_{it}，INN_{it}，$AGDP_{it}$，IRR_{it}，X_{it}分别表示第 i 个地区第 t 年的农业用水量、灌溉技术进步、亩均农业总产值、有效灌溉面积和一系列可能影响农业用水量的控制变量如降水量、水资源禀赋、城市化率、劳动力数量等。PRI_{it}表示第 i 个地区第 t 年的农业水价指标，TRA_{it}表示第 i 个地区第 t 年的水权交易指标。系数 η_1，ρ_1 为待估计的系数，分别表示农业水价和水权交易这两类市场调控型水政策在管理层面上的调节作用。

7.1.2 估计方法

模型（7－1）~模型（7－5）均为面板数据模型，依据对模型截距项和系数的不同设定，面板数据模型可分为混合回归模型、变截距模型和变系数模型三类。其中，混合回归模型假定截距项和系数项对于所有截面个体都是相同的；变截距模型假定截距项不同，但系数项在所有截面个体上是相同的；而变系数模型假定在所有截面个体上，不仅截距项不同，所有系数项也是有差异的。本章基于数据特征，采用变截距模型进行回归。

变截距模型又可以依据截距项的特征分为固定效应和随机效应模型，固定效应模型假设个体效应在组内是固定不变的，个体间的差异反映在每个个体都有一个特定的截距项上；随机效应模型则假设所有的个体具有相同的截距项，个体间的差异是随机的，这些差异主要反映在随机干扰项的设定上。基于此，一种常见的观点认为，当我们的样本来自一个较小的母体时，我们应该使用固定效应模型，而当样本来自一个很大的母体时，应当采用随机效应模型。在实证分析中，我们往往会借助于 Hausman 检验进行分析。本章中模型估计和检验均基于扩展的 IPAT 基准模型（5 - 4）展开，这部分内容已在 5.1.2 节中详细阐述。

7.2 指标设定与样本选取

7.2.1 技术层面上调节对策模型的指标设定与样本选取

本节基于技术层面上的调节对策模型检验 3 个调节对策下的灌溉技术进步节水效果。由于西藏的相关数据缺失，因此采用了我国 30 个省（区、市）1998 ~ 2016 年共 570 个样本，面板数据模型中涉及的变量有：因变量（农业用水量）；3 个基础变量（灌溉技术进步、有效灌溉面积和亩均农业总产值），其中灌溉技术进步也是本章的核心变量（农业灌溉用水效率，第 4 章测度结果）；3 个调节对策变量（R&D 资金投入、教育技术培训和政府财政支持）和 4 个控制变量（水资源禀赋、城市化率、农业劳动力、降水量）。

调节对策变量的选择参考如下：

7.2.1.1 R&D 资金投入

本章采用农业生产过程中设备的更替程度来表征农业 R&D 的资金投入，即采用农业设备器具购置支出额占农业固定资产投资额比例（%）来表示，该变量的调节效应结果预期为负。其数据来源于《中国固定资产投资统计年鉴》和《中国农村统计年鉴》，其中，1999 ~ 2001 年设备购置支出额的缺失数据用线性趋势拟合预测值替代。

7.2.1.2 教育技术培训

本章采用农村劳动力受教育程度（年）来表征地区农业从业人员受到的教育技术培训程度，具体计算是用劳动力文化状况加权平均所的平均受教育年限来衡量，将各地区乡村6岁及以上人口小学、初中、高中、大专及以上受教育年限分别设置为6年、9年、12年、16年来进行计算（Barro and Lee，1993）。依据耿献辉等（2014）、许朗等（2012）的研究结果，其认为农村劳动力受教育程度能够积极提高农业生产过程中的水资源利用，因此该调节变量对农业用水量的影响预期为负。

7.2.1.3 政府财政支持

本章采用农林水事务财政支出占地区财政总支出比例来表示，其中农林水事务财政支出包含政府对农业生产补助、农机具补贴、农村扶贫、农村水利基础设施投资和维护、南水北调工程建设和维护等各项农业综合开发投资额。虽然现有学者多采用农田水利基础设施来表示政府的资金投入，考虑到本文分析的是政府对农业生产过程中的整体扶持程度对节水的调节效应，因此除了应包含水利基础设施建设和投资，还应该包括政府对农机和生产资料等的补贴，或是对农村的扶贫补贴资金投入等，因此最终选择农林水事务财政支出额占比来表征中央和地方政府的财政支持力度，预计该项调节变量的回归结果为负。

因变量、基础变量和控制变量的指标设定和样本选取参考表5-1。另外，为了消除原始数据的异方差性，对非比例类数据取对数化处理，而且所有经济指标均以1998年为基期进行价格调整。指标选取及数据来源参考表7-1和表5-1，所有变量的描述性统计结果见表7-2和表5-2。

表7-1　技术层面上调节对策模型中指标选取及数据来源

	指标	选取依据	数据来源
调节对策变量	R&D资金投入（*RDIN*）	农业设备器具购置支出额占农业固定资产投资额比例（%）	《中国固定资产投资统计年鉴》（1999~2017年）
	人力资本水平（*EDU*）	农村劳动力受教育程度（年）	《中国人口和就业统计年鉴》（1999~2017年）
	政府财政支持（*FIN*）	农林水事务财政支出占地区财政总支出比例（%）	《中国农村统计年鉴》（1999~2017年）

注：此表仅列出模型中调节对策变量的数据来源，其余变量可参考表5-1；表7-2中也仅列出调节对策变量的描述性统计结果，其余变量统计结果可参考表5-2。

资料来源：笔者整理。

表7-2　变量的描述性统计结果

变量	均值	标准差	最小值	最大值
R&D资金投入（*RDIN*）	28.31	27.74	0.00	232.00
人力资本水平（*EDU*）	7.16	1.12	4.13	23.33
政府财政支持（*FIN*）	9.05	3.39	1.05	23.58

资料来源：笔者整理。

7.2.2　管理层面上调节对策模型的指标设定与样本选取

模型采用我国30个省（区、市）1998~2016年共570个样本，涉及的变量有：因变量（农业用水量）、3个基础变量（灌溉技术进步、有效灌溉面积和亩均农业总产值）、2个调节对策变量（农业水价和水权交易）和4个控制变量（水资源禀赋、城市化率、农业劳动力、降水量）。其中，因变量、控制变量和基础变量的指标设定与样本选取参考技术层面上调节对策模型。

调节对策变量的选择参考如下：

7.2.2.1　农业水价

本章借鉴一些学者（佟金萍等，2015；Mamitimin et al.，2015；

Huang et al. , 2007; Tsur, 2005; Moore et al. , 1994) 的做法，采用每亩综合灌溉费（元）表征农业水价指标，该指标是采用稻谷、玉米和小麦三种主要粮食作物每亩灌溉水费乘以其播种面积占比平均化得来。现有学者普遍认为只有水资源价格很高的情况下，农业水价才能对节水起到调节作用，考虑到本章中采用的每公顷灌溉费较低，因此预期该变量的回归系数并不显著。

7.2.2.2 水权交易

目前，中国在积极推进水权交易市场化建设，自2000年起，浙江省、甘肃省、宁夏回族自治区、内蒙古自治区、福建省各地依次在进行水权交易实践，2014年水利部选择宁夏回族自治区、江西省、湖北省、内蒙古自治区、河南省、甘肃省、广东省7个省区开展水权交易试点工作，2016年国家级水权交易平台（中国水权交易所）在北京市成立，旨在推动水权交易规范有序开展。而且《关于全面深化改革若干重大问题的决定》文件首次将水权交易纳入节水型社会建设的范畴，突出了水权交易这类市场化政策工具作为经济激励杠杆在农业节水方面的重要地位和作用。

那么，在中国农业灌溉技术水平较低，农业用水量居高不下的现状背景下，水权交易能否促使农业灌溉技术进步，并最终实现农业节水的目的，值得细致研究。本节首先构建扩展的IPAT模型分析灌溉技术水平对农业节水的影响程度；其次，基于扩展的IPAT模型构建调节效应模型检验水权交易是否会积极促进农户提高灌溉技术，从而实现农业节水的目的。最后，从"利益驱动"和"工业用水压力驱动"视角挖掘水权交易调节效应的影响机制，并剖析调节效应是否存在提升瓶颈问题。

考虑到水权交易指标主要度量的是地区在发生水权交易前后，是否会影响到其农业节水。因此本章依据《太湖流域典型地区水权制度建设调查分析》报告，对水权交易指标进行赋值，采用虚拟变量来表征水权交易(Ying et al.,2019)。1998~2016年,我国各省区先后实践并试点了水权交易事件,本章借助于水权交易的试点事件将我国30个省(区、市)划分为水权交易试点区和非试点区。试点区包含浙江省、甘肃省、宁夏回族自治区、内蒙古自治区、福建省、江西省、湖北省、河南省、新疆维吾尔自治区、广东省、山西省、河北省和北京市共13个省(区、市);其余17个省(区、市)则为非试点区。

考虑到浙江省于2000年首次开始实行水权交易,甘肃省于2002年首次实行,宁夏回族自治区、福建省和内蒙古自治区于2003年首次实行,江西省、湖北省、河南省、新疆维吾尔自治区和广东省于2014年首次实行,山西省、河北省、北京市于2016年首次实行。因此在设定水权交易虚拟变量 TRA_{it} 时,将试点区在试点时间后设置为1,试点前则设置为0,而其余非试点区所有年份均设置为0,水权交易变量指标界定如表7-3所示。

表7-3　1998~2016年水权交易指标界定

<table>
<tr><td colspan="7">设定水权交易虚拟变量 TRA_{it}:</td></tr>
<tr><td></td><td>浙江</td><td>甘肃</td><td>宁夏、内蒙古、福建</td><td>江西、湖北、河南、新疆、广东</td><td>山西、河北、北京</td><td>其余省份</td></tr>
<tr><td>$TRA_{it}=0$</td><td>2000年之前</td><td>2002年之前</td><td>2003年之前</td><td>2014年之前</td><td>2016年之前</td><td rowspan="2">所有年份均为0</td></tr>
<tr><td>$TRA_{it}=1$</td><td>其余年份</td><td>其余年份</td><td>其余年份</td><td>其余年份</td><td>其余年份</td></tr>
</table>

资料来源:笔者整理。

为了消除原始数据的异方差性,对非比例类数据取对数化处理,而且所有经济指标均以1998年为基期进行价格调整。指标选取及数据来源参考表7-4和表5-1,所有变量的描述性统计结果见表7-5和表5-2。

表7-4 管理层面上调节对策模型中指标选取及数据来源

指标		选取依据	数据来源
调节对策变量	农业水价（*PRI*）	每公顷综合灌溉费（元）	《中国农村统计年鉴》（1999~2017年）
	水权交易（*TRA*）	见表7-3	本章设定

注：此表仅列出模型中调节对策变量的数据来源，其余变量可参考表5-1；表7-5中也仅列出调节对策变量的描述性统计结果，其余变量统计结果可参考表5-2。

资料来源：笔者整理。

表7-5 变量的描述性统计结果

变量	均值	标准差	最小值	最大值
农业水价（*PRI*）	6.42	1.00	4.52	8.49
水权交易（*TRA*）	0.16	0.37	0.00	1.00

资料来源：笔者依据表7-4计算得到。

7.3 实证分析

7.3.1 技术层面上的调节对策分析

7.3.1.1 全国数据的估计结果

基于我国30个省（区、市）1998~2016年的全体样本数据分别回归模型（7-1）~模型（7-3），得到R&D资金投入、教育技术培训和政府财政支持的调节效应估计结果如表7-6所示。从结果中可以看出，政府财政支持和R&D资金投入均会起到显著的调节效应，其与灌溉技术进步交乘项的回归系数分别为-0.0022和-0.0002，在5%显著性水平下显著；而且从大小程度上来看，政府财政支持的调节效应要高于 R&D 资金投入。这说明不论是对农村生活进行补贴、还是对农田水利基础设施进一步建设和维护，或是对农业技术研发进行资金投入，只要资本持续稳定进入农村和农业生产领域，就会对灌溉技术进步的农业节水成效起到积极促进的调节作用。考虑到近几年，政府一直在大力推进农业灌溉技术进步，并且在政府文件中多次提出要"全面提高农业灌溉用水效率"，确定用水效率控制红线，要求到 2030 年用水效率达到或接近世界先进水平，在这一系列灌溉技术政策推行的背景下，全国范围内继续对农业进行财政补贴和研发资金投入，是十分必要的，也是灌溉技术政策起到显著成效的有力保障。

表 7－6　全国样本下技术层面调节对策模型回归结果

变量	教育技术培训	R&D 资金投入	政府财政支持
INN	－0.1981*** (－2.86)	－0.2881*** (－37.49)	－0.2773*** (－29.13)
EDU × *INN*	－0.0517 (－1.44)		
RDIN × *INN*		－0.0002** (－2.53)	
FIN × *INN*			－0.0022*** (－3.10)
AGDP	0.1620*** (16.99)	0.1600*** (17.14)	0.1529*** (17.91)
IRR	0.4696*** (35.46)	0.4767*** (33.74)	0.4662*** (35.55)
precipitation	－0.0358*** (－7.35)	－0.0361*** (－7.48)	－0.0344*** (－7.00)
urbanization	－0.0007** (－2.17)	－0.0007** (－2.21)	－0.0006* (－1.87)
endowment	0.0031 (0.72)	0.0037 (0.90)	0.0016 (0.38)
labor	－0.0910*** (－8.51)	－0.0873*** (－7.93)	－0.0898*** (－8.47)

续表

变量	教育技术培训	R&D 资金投入	政府财政支持
常数项	-0.6773*** (-3.72)	-0.6730*** (-3.87)	-0.5540*** (-3.48)
个体效应	控制	控制	控制
时点效应	控制	控制	控制
N	570	570	570

注：***、**、*分别表示在1%、5%、10%水平下显著。括号内数值为t统计值。
资料来源：笔者基于模型（7-1）~模型（7-3）计算得到。

另外，从教育技术培训的回归结果可以看出，其与灌溉技术进步交乘项的回归系数为-0.05，统计上不显著。一方面，农村劳动力受教育程度越高，劳动者的素质和综合能力就会越强，不仅体现在农业生产过程中的新技术研发和创新速度会更快，在后期实际生产中技术转换为成果时，也会更为迅速和高效，因此高教育水平将有利于提高农业整体生产效率，从而抑制农业用水量的增加；但另一方面，受教育程度较高的劳动者可能更会倾向于种植一些经济价值高的农作物如水果、蔬菜、烟草等经济作物，从而改变种植结构，导致农业用水量增加。因此，该项系数的影响程度在学术上并不统一，有学者（耿献辉等，2014；许朗等，2012）认为受教育水平会提高农业水资源利用率，也有学者（金巍等，2018）认为受教育水平对农业用水量的节约效果不明确，而本章的估计结果则是受教育水平会降低农业用水量，但统计上并不显著，究其原因，可能是因为目前农村整体劳动力受教育水平较低导致，本章依据计算方式（Barro and Lee，1993），得到全国平均农村劳动力受教育水平约为7.16年，大致上相当于初中一年级的受教育程度，由于受教育程度有限从而导致其在灌溉技术进步促使农业节水过程中能起的调节效应并不高，因此出现统计上不显著的回归结果。

7.3.1.2 分区域视角下的估计结果

（1）按照农业灌溉技术水平的差异性分区域。本节主要分析的是，不同技术水平下三项调节因素节水效果的差异性，估计结果如表7－7所示。依据灌溉技术进步高低将所有样本数据进行等分，分别记为“高技术区域”和“低技术区域”。

表7－7 不同技术区域下技术层面调节对策模型回归结果

变量	教育技术培训		R&D资金投入		政府财政支持	
	高技术区域	低技术区域	高技术区域	低技术区域	高技术区域	低技术区域
INN	−0.9275*** (−10.00)	−0.1371 (−1.42)	−0.5185*** (−35.81)	−0.2869*** (−15.91)	−0.4871*** (−29.27)	−0.3022*** (−11.58)
EDU×INN	0.1927 (4.05)	−0.0832 (−1.54)				
RDIN×INN			−0.0017*** (−10.59)	0.0001 (0.40)		
FIN×INN					−0.0097*** (−10.81)	0.0018 (1.07)
控制变量	—	—	—	—	—	—
个体效应	控制	控制	控制	控制	控制	控制
时点效应	控制	控制	控制	控制	控制	控制
N	285	285	285	285	285	285

注：由于本表中，我们关注的是不同区域下调节效应的差异性，考虑到控制变量估计结果和全国样本下结果类同，其结果稳健，而且受限于篇幅，所以并未列出控制变量估计结果。下同。*** 表示在1%水平下显著。括号内数值为t统计值。

资料来源：笔者计算得到。

从结果可以看出，R&D资金投入和政府财政支持的调节效应存在显著的区域差异性。在高技术区域，两者的调节效应分别为−0.0017和−0.0097，统计上显著；在低技术区域，两者的调节效应则分别为0.0001和0.0018，系数为正且统计上并不显著。这说明，R&D投入和政府财政支持的调节效应只在高技术区域起到积极节水作用；当技术水平相对较低时，资金投入并不能起到促进节水的调节效应。出现这种结果，主要是由于农业灌溉技术水平高低受到很多因素的影响，技术水平不高有可能是自然地理条件不佳、政府长期扶持不够、劳动力素质不高等各方面因素综合造成的结果，因此地区由于技术创新环境和技术进步转换机制不成熟等，在导致地区技术水平不高的结果下，必然会在一定程度上抑制资金的进入，即便资金投入后也会带来很大的发展阻力，从而导致R&D资金和财政资金投入起不到预期的节水调节作用。

这一点从技术进步变量的回归结果也可以看出些端倪：相对于低技术区域，高技术区域的直接节水效应更好。在R&D投入模型中，技术进步回归系数分别为：高技术区（-0.52）对比低技术区（-0.29）；在政府财政支持模型中，呈现出的结果也是，高技术区的直接节水效果（-0.49）要高于低技术区（-0.30）。这说明，由于前期各方面因素造成的地区低技术水平，不仅会导致直接节水成效较低，即便引进资金，也会间接影响到R&D投入和政府财政支持的调节效应，从而阻碍地区实现节水目标。

另外，教育技术培训的分区域结果也同样支持了全国样本下的结论，农村劳动力受教育水平对技术节水的调节效应并不确定，且统计上也没有通过显著性检验。

（2）按照《全国农业可持续发展规划（2015—2030）》的划分标准分区域。本节按照发展规划的分类标准，将我国30个省（区、市）划分为适度保护区和优化发展区。其中，优化发展区是我国大宗农产品主产区，存在水资源消耗过多、资源利用效率低下等多种问题，是农业发展重点区域。而适度保护区主要指的是西北区和西南区，其农业生产特色鲜明，但资源环境承载力有限，农业基础设施较薄弱，因此该片地区以发展特色和生态农业为主，是政府实施保护和适度开发的扶持区域。

在依据发展规划分区域下，得到三类调节效应的回归结果如表7－8所示。从三类调节效应结果来看，教育技术培训调节因素在优先发展区和适度保护区均未起到调节作用。R&D投入和政府财政支持在两类区域均产生了积极的节水作用，从效果程度来看，相对而言，R&D资金投入对适度保护区产生技术节水的调节作用更大；而从政府财政支持角度来看，其对优化发展区会起到更大的调节效应。

表7－8　不同发展区域下技术层面调节对策模型回归结果

变量	教育技术培训		R&D资金投入		政府财政支持	
	适度保护区	优化发展区	适度保护区	优化发展区	适度保护区	优化发展区
INN	0.0121*** (17.10)	-0.4089*** (-4.42)	0.0396* (1.85)	-0.5677*** (-67.97)	0.0407* (1.94)	-0.4872*** (-118.22)
EDU×INN	1.1113 (1.24)	-0.0780 (-1.67)				
RDIN×INN			-0.0011*** (-5.06)	-0.0005*** (-3.33)		
FIN×INN					-0.0040*** (-3.68)	-0.0134*** (-38.68)
控制变量	—	—	—	—	—	—
个体效应	控制	控制	控制	控制	控制	控制
时点效应	控制	控制	控制	控制	控制	控制
N	228	342	228	342	228	342

注：***、*分别表示在1%、10%水平下显著。括号内数值为t统计值。
资料来源：笔者计算得到。

为探究这两项调节因素在区域间产生作用的差异性，本节比对了政府财政支持和R&D投入这些年在不同区域下的投入情况，从图7－1可以大致看出，总体来看，政府财政和研发资金在适度保护区的投入力度都要高于优化发展区，然而政府财政支出对适度保护区的影响程度却仍然低于优化发展区，这可能是由于优化发展区长期以

来的农业发展和高技术水平情况决定的，因此从资金投入角度来看，R&D资金投入更适合于多向适度保护发展区倾斜，而政府财政支出则可以考虑更多的投向优化发展区，这样能使资金投入产生更大的节水效应。

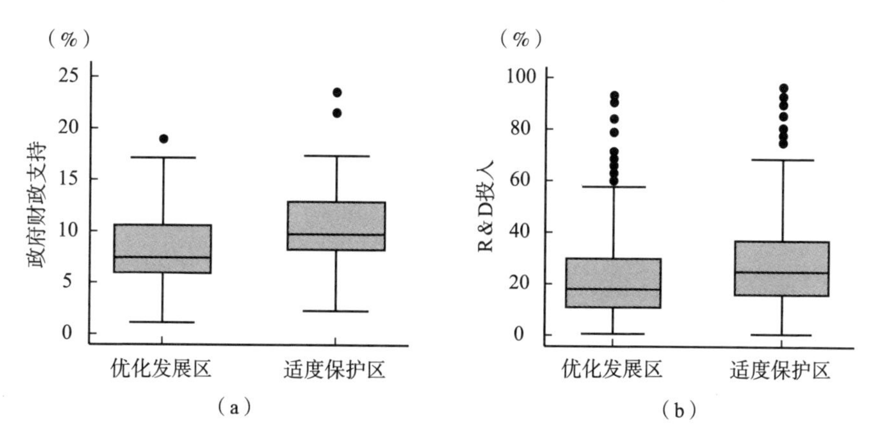

图7-1 不同发展区域下政府财政支持和R&D资金投入的差异性对比

资料来源：笔者绘制。

7.3.2 管理层面上的调节对策分析

7.3.2.1 “农业水价”政策的估计结果

本节基于我国30个省（区、市）1998~2016年的全体样本数据和分区域样本数据下分别回归模型（7-4），得到农业水价的调节模型估计结果如表7-9所示。结果显示，不论从全国视角，还是不同技术水平分区域视角，或是不同发展规划分区域视角下，农业水价对农业节水的调节作用均不显著，且系数为正，说明目前实行的农业水价并未能有效促进农业节水，这和很多学者的研究结果相一致。

表 7-9　全国和分区域样本下"农业水价"调节模型回归结果

变量	全国	高技术区	低技术区	适度保护区	优化发展区
INN	-0.7318* (-1.85)	-1.0540*** (-2.77)	-0.4834 (-0.89)	-0.9603*** (-2.58)	-0.7777* (-1.89)
PRI × INN	0.0695 (1.46)	0.0837 (1.33)	0.0406 (0.54)	0.1562 (1.62)	0.031 (0.58)
AGDP	0.1653 (1.48)	0.5707*** (5.15)	-0.1082 (-0.99)	0.0662 (0.56)	0.1993 (1.63)
IRR	0.5351*** (3.18)	0.9194*** (4.39)	0.1835 (0.85)	0.1414 (0.70)	0.5603*** (4.06)
precipitation	-0.0430** (-2.07)	-0.0046 (-0.15)	-0.0418 (-1.62)	-0.016 (-0.78)	-0.0889*** (-2.94)
urbanization	-0.0008 (-0.27)	0 (-0.01)	-0.0068** (-2.02)	-0.0051 (-1.18)	-0.0017 (-0.50)
endowment	0.0016 (0.06)	-0.0413 (-0.87)	0.0153 (0.50)	-0.0155 (-0.45)	0.0058 (0.20)
labor	-0.0659 (-0.64)	-0.0752 (-0.55)	-0.1555 (-0.93)	0.1692 (0.64)	-0.1098 (-1.00)
常数项	-1.007 (-0.56)	-6.5308*** (-3.43)	0 (.)	0 (.)	-0.8133 (-0.42)
个体效应	控制	控制	控制	控制	控制
时点效应	控制	控制	控制	控制	控制
N	570	285	285	228	342

注：***、**、*分别表示在1%、5%、10%水平下显著。括号内数值为t统计值。
资料来源：笔者基于模型计算得到。

总体来说，现有学者对农业水价政策能否起到节水效果，基本认同的是：目前实行的低水价政策，无法调动农户节水积极性，同时供水单位也难以回收供水成本，导致灌溉设施年久失修，从而降低了水资源利用效率，无法起到积极的节水作用，而相反，较高的水价则会显著减少农业用水量，因此水价是否起到节水作用取决于水价是否超过灌溉水的真实价值。

考虑到较高的农业水价才有可能会对农业节水起到调节作用，因此本节将农业水价指标（每公顷灌溉费）作为基准水价，在此基础上，对价格进行加成 $a\%$，构建加成后的农业水价（$1+a\%$），并对 a 进行赋值，分别赋值为 2、3、5，即在目前每公顷灌溉费的基础上，提价 2%、3% 和 5%，最后基于加成后的农业水价数据，在模型（7-4）基础上，分别进行回归，借助回归结果解释是否存在一个合理的农业水价指数，在此农业水价指数基础上，其能对农业水价起到积极节水作用。但本书的估计结果显示，无论加价 2%、3%，或是 5%，目前的农业水价仍然不能起到积极的农业节水调节作用。可见，将每公顷灌溉费作为农业水价的基准数据可能并不大准确，目前的农业水价并不能很好地体现农业水资源的使用价值，因此选择一个合理的农业水价标准是目前实行农业水价改革至关重要的事情。

7.3.2.2 “水权交易”政策的估计结果

（1）调节效应模型估计结果。本节基于我国 30 个省（区、市）1998~2016 年数据回归模型（5-4）、模型（7-5），得到灌溉技术进步对农业节水影响的基准模型和水权交易的调节效应模型，如表 7-10 所示。基准模型的估计结果显示，灌溉技术进步会对农业节水产生显著影响，回归系数为 -0.251，说明灌溉技术进步每提高 1 个单位，会导致农业用水量减少 0.251%。控制变量的回归结果显示，灌溉土地投入和产出因素对农业节水影响最大，回归系数分别为 0.522 和 0.212，说明有效灌溉面积和亩均农业总产值每增长 1%，会导致农业用水量增长 0.522% 和 0.212%。降水量会有效促进农业节水，其弹性为 -0.034%，而农作物种植结构则会显著增加农业用水量，粮食作物播种面积每增长 1%，会导致农业用水量增加 0.006%。

表 7-10　"水权交易"调节模型回归和稳健性检验结果

变量	基准模型式（5-4）	调节模型式（7-5）（Newey-West 标准误）	稳健性检验式（7-5）（Drisco-Kraay 标准误）	稳健性检验式（7-5）（FGLS）
INN	-0.251** (-2.19)	-0.218** (-2.06)	-0.213*** (-4.99)	-0.224*** (-45.96)
INN × *TRA*	—	-0.153** (-2.60)	-0.128*** (-5.89)	-0.152*** (-28.47)
AGDP	0.212** (2.14)	0.183* (1.92)	0.087** (2.33)	0.191*** (19.02)
IRR	0.522*** (3.15)	0.502*** (3.19)	0.401*** (6.86)	0.496*** (40.48)
precipitation	-0.034* (-1.73)	-0.032* (-1.74)	-0.037** (-2.29)	-0.027*** (-10.50)
structure	0.006** (2.66)	0.006** (2.65)	0.006*** (5.88)	0.006*** (23.51)
urbanization	0.002 (0.64)	0.003 (0.97)	-0.001 (-1.06)	0.003*** (11.26)
常数项	-1.221 (-0.63)	-0.865 (-0.47)	0.808* (1.87)	-2.164*** (-15.91)
个体效应	控制	控制	控制	控制
时点效应	控制	控制	控制	控制
N	570	570	570	570

注：***、**、*分别表示在1%、5%、10%水平下显著。括号内数值为t统计值。
资料来源：笔者计算得到。

基于 Newey-West 稳健性标准误的固定效应回归得到调节效应模型，估计结果显示，地区在实行水权交易试点后，其会对农业节水产生积极的调节作用，回归系数为负（-0.153），统计上显著，说明水权交易会显著促使农民提高农业技术水平，从而实现农业节水目的。另外，本节也分别采用 Driscoll-Kraay 标准误的固定效应估计以及 FGLS 估计方法对调节效应模型式（7-5）进行了回归，将这两种方法下的回归结果作为模型稳健性检验的结果。从稳健性检验结果可以看出，交乘项的回归系数分别为 -0.128 和 -0.152，相比原调节效应模型（系数为 -0.153），其结果一致，而且其余变量的回归结果也与原模型有大体一致的系数和显著性，从而可以判断，原调节效应模型是稳健的。

考虑到农业用水量高可能引发该地实施水权交易，从而导致水权交易调节效应模型（7-5）出现内生性问题。因此，本文采用 Logit 模型检验水权交易实施是否具有外生性。将水权交易实施变量（*TRA*）设置为被解释变量，解释变量为模型（7-5）中所有控制变量，以及工业用水量、水库容量和水利基础设施变量，将这些变量滞后期作为 Logit 模型的自变量，在全样本期（1998~2016 年）和分样本期（1998~2006 年，2007~2014 年，2015~2016 年）分别进行回归，估计结果如表 7-11 所示。可以看出，在各个样本期内，农业用水量均不显著，说明其未显著影响地区是否实施水权交易，从而验证了水权交易实施不存在内生选择问题，水权交易调节效应模型满足外生性假设。

表 7-11　“水权交易”调节效应模型的内生性检验结果

变量	1998~2016 年	1998~2006 年	2007~2014 年	2015~2016 年
L. W#	0.601 (1.48)	-0.464 (-0.59)	0.484 (0.67)	1.757 (1.13)
L. INN	-1.703* (-1.80)	-5.414** (-1.98)	-2.981* (-1.81)	6.723* (1.71)
L. AGDP#	1.024** (2.04)	1.391 (1.36)	1.206 (1.44)	-7.126** (-2.40)
L. IRR#	-0.610 (-1.51)	-0.414 (-0.51)	-0.787 (-1.13)	-1.664 (-0.90)
L. precipitation#	-1.879*** (-5.13)	-2.154*** (-3.05)	-2.659*** (-4.30)	-0.987 (-0.97)
L. structure	-0.025** (-2.07)	-0.043 (-1.63)	-0.030 (-1.53)	-0.159*** (-2.61)

续表

变量	1998～2016年	1998～2006年	2007～2014年	2015～2016年
L. urbanization	0.020** (1.99)	-0.027 (-1.30)	0.018 (0.93)	0.106** (2.11)
L. indwater#	0.429* (1.95)	0.715* (1.79)	0.858** (2.20)	0.447 (0.50)
L. reservior#	0.233 (1.58)	0.262 (0.71)	0.244 (1.09)	0.945* (1.88)
L. infrastruture#	0.203* (1.77)	0.242 (1.05)	-0.005 (-0.03)	-0.594 (-1.33)
常数项	0.273 (0.06)	4.669 (0.49)	7.270 (0.96)	74.969** (2.31)
N	540	240	240	60

注：#表示数据采取对数形式。***、**、*分别表示在1%、5%、10%水平下显著。括号内数值为t统计值。

资料来源：笔者计算得到。

（2）扩展性分析。前面验证了水权交易会显著促使灌溉技术水平提高，从而产生农业节水效应，本节我们验证水权交易调节效应的驱动机制以及提升瓶颈问题。

①驱动机制分析。水权交易会对农业节水产生调节效应，其作用机理来源于两方面。一方面，由于水资源可以在交易市场中自由转换，农民出于利益驱使，会通过提高技术进步的方式，将节约的农业用水转换到工业用水中去，从而获得一定的收益，这类影响机制称为“利益驱动”机制；另一方面，农民会否积极采取节水技术，将节约的农业用水转换成工业用水，很大程度上也取决于当地工业用水压力，在工业用水和水资源供给的双重影响下，当地政府会出于发展工业经济的考虑，驱动农民改进节水措施，从而通过水权交易市场转换工农业水权，产生农业节水效果，这类影响机制称为“工业用水压力驱动”机制。

一是利益驱动机制。由于缺乏各地水权交易量的具体数据，本节验证利益驱动机制是通过检验不同收入群体面对水权交易时产生的节水效应差异性来间接处理。假设不同收入的农户对待水权交易收益的态度不同，如果收益是农户提高灌溉技术的主要驱动力，则相对于高收入农户，低收入农户更愿意提高灌溉技术，节水进行水权交易，从而获得水权的交易收入。因此我们可以通过比较高、低收入人群的调节效应差异性，来检验水权交易是否会在利益机制驱动下促使农户提高灌溉技术，从而产生农业节水的调节效应。

具体做法如下：

本节通过构建虚拟变量I_1的方式进行检验，虚拟变量$I_1=1$表示高收入区（农户近5年人均可支配收入均值高于全国平均），$I_1=0$表示低收入区（农户近5年人均可支配收入均值低于全国平均）；基于水权交易的调节效应模型（7－5），构建水权交易TRA和I_1的交乘项$TRA \times I_1$，如果该变量系数显著为负，则说明相对于低收入区，高收入区水权交易调节效应更高，说明“利益驱动”机制不存在，反之则存在。

估计结果如表7－12（第2列）所示，由于回归系数显著，为－0.125，说明高收入区调节效应更大，暗示了“利益驱动”效应很弱，仅对高收入农户存在。

表7－12　　驱动机制和提升瓶颈回归结果

变量	利益驱动	工业用水压力驱动－1	工业用水压力驱动－2	再验—利益驱动机制	提升瓶颈
$INN \times TRA \times I_1$	－0.125* （－1.81）				
$INN \times TRA \times I_2$		－0.134** （－2.39）			
$INN \times TRA \times I_3$			－0.090*** （－3.01）		
$INN \times TRA \times I_4$				－0.310*** （－3.04）	
$INN \times TRA \times I_5$					－0.233* （－1.74）

续表

变量	利益驱动	工业用水压力驱动 -1	工业用水压力驱动 -2	再验—利益驱动机制	提升瓶颈
控制变量	控制	控制	控制	控制	控制
个体效应	控制	控制	控制	控制	控制
时点效应	控制	控制	控制	控制	控制
N	570	570	570	342	570

注：***、**、*分别表示在1%、5%、10%水平下显著。括号内数值为t统计值。
资料来源：笔者计算得到。

二是工业用水压力驱动机制。如果地区面临的工业用水压力较大，当地政府会引导农户节约农业用水量，供给工业用水，从而引发农业水权转换，产生"工业用水压力驱动"机制。

考虑到工业用水压力会受到当地工业用水现状和水资源供给（水资源禀赋）的双重影响，本书依据工业用水量和水资源禀赋（近5年均值），将30个省（区、市）划分为4类区域，分别是高压力地区（工业用水量高于中位线，且人均水资源量低于中位线：白色区域）、中等压力（工业用水量和人均水资源量均高、工业用水量和人均水资源量均低：灰色区域）以及低压力地区（工业用水量低于中位线，而人均水资源量高于中位线：黑色地区），如图7-2所示。通过比较工业用水高压力、中等压力和低压力地区调节效应大小来判断"工业用水压力驱动"机制是否存在。

具体做法如下：

构建虚拟变量 $I_2=1$ 表示高压力和中等压力区，虚拟变量 $I_2=0$ 表示低压力地区；构建虚拟变量 $I_3=1$ 表示高压力地区，$I_3=0$ 表示中等压力和低压力地区。基于水权交易的调节效应模型（7-5），构建水权交易 TRA 和 I_2 的交乘项 $TRA\times I_2$，以及 TRA 和 I_3 的交乘项 $TRA\times I_3$，如果该变量系数显著为负，说明相对于低压力区，高压力区水权交易调节效应更高，"工业用水压力驱动"机制存在，反之则不存在。

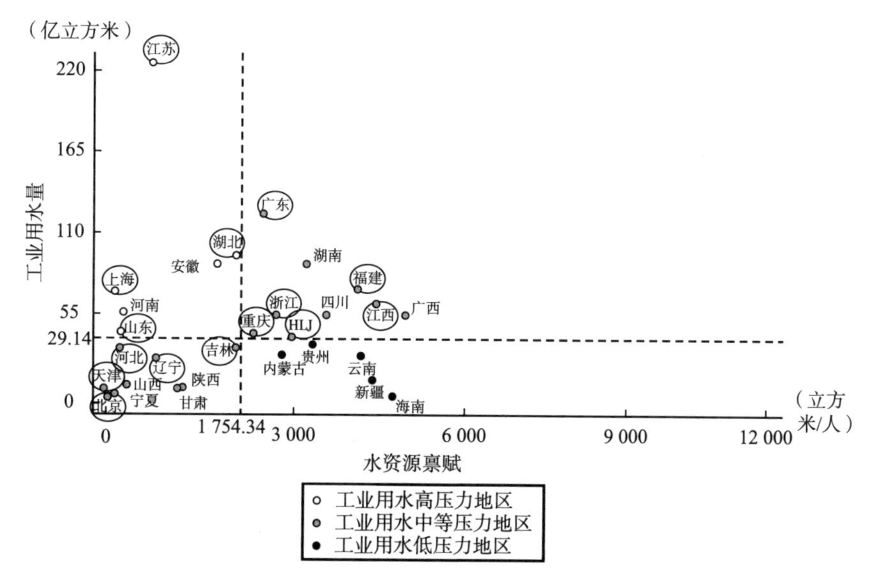

图 7－2 “工业用水压力”省区划分结果

注：画圈的省份表示“高收入”地区，未画圈的省份表示“低收入”地区。垂直、水平虚线分别表示 30 个省（区、市）近 5 年水资源禀赋和工业用水量均值的中位数。

资料来源：笔者绘制。

估计结果如表 7－12（第 3～第 4 列）所示，相对于工业用水低压力区，高、中等压力区的调节效应要更高（回归系数为－0.134，且统计上显著），而且相对于中等、低压力地区，高压力地区的调节效应也要更高（回归系数为－0.09，且统计上显著），两个模型的检验结果均说明了“工业用水压力驱动”机制显著存在。这意味着，地方政府会迫于地区工业用水压力，推动农业水权转换交易，从而产生农业节水效应。

三是再验一利益驱动机制。上面仅验证了工业用水压力驱动机制的存在性，本节验证是否由于工业用水压力驱动效应远高于利益驱动效应，从而产生“利益驱动机制不显著”的伪结论。

出现高收入地区调节效应高于低收入区调节效应的结果，从而造成“利益驱动”机制不存在的根本原因在于：一方面通过水权交易能获取的利益并不足以直接驱动农民产生节水行为；另一方面，农民是否进行农业节水，很大程度上会受到其他因素如当地工业用水压力程度的影响，一旦出现利益驱动力不足，而且当地工业用水压力又较大的现象，就会导致"利益驱动"机制不存在的结果。

这一点从高、低收入地区各省（区、市）的工业用水压力现状也可以看出，在图 7－2 高收入地区的 15 个省（区、市）中，有 10 个省（区、市）工业用水量位于全国中位线以上，有 9 个省（区、市）人均水资源量位于全国中位线以下，且高收入地区的所有省份均位于工业用水高压力或中等压力地区（如图 7－2 所示）；而相比之下，低收入区省份则大部分位于较低压力地区。正是由于高收入地区的各个省份均处于"工业用水压力驱动"效应较大的境况下，所以才会出现更多的农业节水行为，从而产生高收入区调节效应要高于低收入区的结果，间接导致了"利益驱动"效应并不显著。我们分别测算了农户人均可支配收入与工业用水量、收入与水资源禀赋的相关系数，分别为 0.214 和 －0.251，且统计上显著，说明高收入地区工业用水量更大、人均水资源量更低，因此高收入地区面临更大的工业用水压力。

为了消除交互影响，我们选择同一工业用水压力区域下的省份对利益驱动机制再次检验。具体做法如下：

构建虚拟变量 $I_4=1$ 表示中等压力区域下的低收入省份，虚拟变量 $I_2=0$ 表示中等压力区域下的高收入省份。基于水权交易的调节效应模型（7－5），构建水权交易 TRA 和 I_4 的交乘项 $TRA \times I_4$，如果该变量系数显著为负，说明排除了工业用水压力驱动机制下，低收入地区水权交易调节效应更高，即"利益驱动"机制真实存在，反之则不存在。

估计结果如表 7－12（第 5 列）所示，排除了工业用水压力驱动机制下，相对于高收入地区，低收入地区的调节效应要更高（回归系数为 －0.310，且统计上显著），说明利益驱动机制真实存在。

总体来看，水权交易的调节效应会受到工业用水压力和利益驱动机制的影响，且前者驱动效应更高。地区在工业用水量过大和水资源供给不足的双重驱动下，即便没有水权交易收入的利益驱使，农户也会积极提高灌溉技术，节水农业用水，促使水权交易。然而利益驱动机制也会促使农户积极改进节水技术水平，实现农业节水，其产生的作用也不应忽视。

②提升瓶颈问题。前面检验了在利益和工业用水压力驱动下，农户会提高灌溉技术，进行水权交易，从而产生农业节水的调节作用。那么本节探讨的是在水权交易调节效应产生过程中是否会出现提升瓶颈问题。

田贵良和胡雨灿（2019）提出，中国部门间的水权交易主要是从农业水权转换到工业用水，如果地区缺乏充足的农业水权供给量，则水权交易无法顺利开展。因此水权交易调节效应会受到农业水权供给能力的制约，呈现出“提升瓶颈”问题。考虑到农业水权供给能力可以用灌溉技术水平替代，较低技术水平意味着农业节水潜力较大，则农业水权供给能力较高；反之，灌溉技术水平较高，农业水权供给能力较小。本节通过检验高、低灌溉技术地区的调节效应差异性验证水权交易是否存在提升瓶颈问题。

具体做法如下：

依据农业灌溉用水效率指标 *INN*（第 4 章测度结果）近 5 年均值的中位数将 30 个省（区、市）进行等分，划分为灌溉技术水平高、低地区。构建虚拟变量 $I_5=1$ 表示灌溉技术水平低地区，$I_5=0$ 表示灌溉技术水平高地区。基于水权交易的调节效应模型（7 - 5），构建水权交易 *TRA* 和 I_5 的交乘项 $TRA \times I_5$，如果该变量系数显著为负，说明农业水权供给能力较大地区调节效应更高，揭示了调节效应存在提升瓶颈问题。

估计结果如表 7 - 12（第 6 列）所示，低技术区相对于高技术区，调节效应会变大（因为回归系数为 - 0. 233，且统计上显著），说明随着灌溉技术水平提高，水权交易通过提高技术进步产生农业节水的影响程度在变小。这在一定程度上说明水权交易的节水效应存在提升瓶颈。因此除了通过安装高效节水设施外，可以通过开发引进一些更为有效快速的节水手段予以改善。

7.4 本章小结

本章基于扩展的IPAT模型，从技术和管理两个层面上分析R&D资金投入、教育技术培训、政府财政支持和农业水价、水权交易的调节作用。通过构建核心变量和灌溉技术进步的交乘项，检验在灌溉技术进步对农业节水的影响路径下，这些政策因素能否在全国和各地区内产生积极的农业节水调节作用。结合上述分析结果，本章得到如下主要结论：

（1）技术层面上的全国数据估计结果显示，R&D资金投入和政府财政支持会对灌溉技术进步产生积极的农业节水调节作用，而且政府财政支持的调节效应要高于R&D资金投入，而教育技术培训目前并未产生积极的调节作用，说明政府需要继续对农业进行财政补贴和研发资金投入，这将保障灌溉技术政策的有效性。

（2）技术层面上的分区域估计结果显示，R&D资金投入、教育技术培训和政府财政支持对低技术区域均未产生预期的节水调节作用；而高技术区域下，政府财政支持和R&D资金投入则产生了预期的节水调节作用。对于适度保护区和优化发展区而言，R&D投入和政府财政支持在两类区域均产生了积极的节水作用，但调节效果存在地区差异性，为了获得资金投入的最大节水调节效果，适度保护区较适合R&D资金投入，而优化发展区则更倾向于政府财政支持。

（3）"农业水价"调节模型的估计结果显示，目前实行的农业水价不论从全国视角上，还是分区域视角上来看，均不能对农业节水起到显著的调节作用。而且基于每亩灌溉费的价格加成，依次回归的结果亦不显著。说明目前的农业水价并不能很好地体现农业水资源的使用价值，因此确定合理的农业用水定价基准是实行农业水价改革至关重要的事情。

（4）“水权交易”调节模型的估计结果显示，相对于非试点地区，水权交易试点地区会产生积极的农业节水调节作用。调节效应会受到农户的节水意愿（利益驱使）和工业用水压力的双重影响，且后者驱动效应更大。在工业用水量过大和水资源供给不足驱动下，即便没有水权交易收入的利益驱使，农户也会积极提高灌溉技术，节约农业用水，促使水权交易。估计结果也揭示了，随着灌溉技术水平的提高，农业水权供给能力不足会在一定程度上导致水权交易的调节效应减弱，从而产生提升瓶颈问题。

第8章　水权交易机制对地区和农业节水效应的实证检验

第7章检验了技术层面上，R&D资金投入、教育技术培训和政府财政支持这三类宏观农业政策会有效调节灌溉技术的无效成分，从而产生农业节水的调节作用；也验证了在管理层面上，农业水价和水权交易机制这类市场调控型政策会经由价格机制和利益驱动机制对农业节水产生调节作用。考虑到水权交易机制是资源配置的一项有效工具，有必要系统地检验我国水权交易机制对地区节水和农业节水的综合影响，因此本章构建实证模型挖掘水权交易机制是如何通过提高灌溉技术的方式减少地区和农业用水，探讨水权交易机制作为一种市场化机制，对地区和农业节水的影响。

8.1　研究背景

水资源是一种稀缺且不可替代的自然资源。我国是一个人均水资源量贫乏国家，2016年人均水资源量为2 354.92立方米，仅为世界平均水平的1/4。人多水少、水资源分布和利用不均衡是基本的国情水情，随着全球气候变化加剧和人口的持续增长，水资源短缺问题已成为制约中国经济社会可持续发展的关键因素之一。因此，为了构建和谐性社会，在经济新常态发展方向下促进水资源节约和循环利用是一项重要举措。

水权交易市场机制已越来越受到国家管理层的重视。党的十八大以来，水权交易制度建设作为健全自然资源产权制度的重要组成部分和核心内容之一，被提高到支撑生态文明制度建设的战略高度。党的十八届三中全会提出要完善相关法律，推行水权交易制度；党的十八届五中全会也进一步明确提出要积极开展水权、排污权等交易试点。国家层面的一系列战略方针体现了我国水资源管理模式已逐渐转向了“水权交易”机制建设，水权交易再次成为我国资源环境研究领域的热点之一。

水权交易在市场需求和供给两种力量的作用下产生，缺水者买入，富水者卖出。国家作为国有水资源的终极所有者，将一定数量的水权（水资源使用权）出让给用水户；用水户将根据经济效益最大化原则做出用水决策：自留自用或将水权再次转让给他人。在这样一种运作方式与交易制度下，通过国家对水权出让总量的控制，可以促进节水目标的实现；通过用水户之间的水权转让，可以促进水资源在各用水户（各地区、各部门、各单位）之间的优化配置。总体而言，水权交易是利用市场化机制实现水资源优化配置的重要方式，是保障地区用水总量零增长，实现用水效率提高和用水结构优化的主要路径。

一些国家和地区的水市场实践已经证明了，水权交易可以优化水资源配置。如 2003 年，圣迭戈市与加州最大灌区签订了共享水源协议，每年按协议价格付给农民款项，以付费方式激励农民节水，从而促使农业用水减少（严予若等，2017）。南澳大利亚在水市场允许交易后，全社会用水效率也得到了提高（Kuehne et al.，2006）。世界银行和国际粮食政策研究机构也指出，智利 1981 年的水权转换模式会促使全社会达到帕累托最优，因此建议将水权交易作为国际水资源管理改革成功的典范，尤其建议发展中国家采纳（Delorit et al.，2019）。美国加州发展出的“水银行”体系对资源进行大规模的再分配，提高了地区用水效率，促进了节水，收到了良好的社会效果

（付实，2016）。

也有很多学者认为，相比通过修建水利工程设施扩大水资源供给的方式，利用水权交易市场机制可以有效提高水资源在部门间的配置效率，从而促进节水。水权交易使水资源使用权由水资源禀赋高的用水主体向禀赋相对匮乏的用水主体转移，由低效益行业向高效益行业转移，从而提升了社会用水总效率（王留军、徐晓萍，2014）。刘峰等（2016）对宁夏回族自治区、内蒙古自治区和广州市水权交易实践进行调研，明确了水权交易机制在提高水资源利用效率、拓宽水利融资渠道、缓解地区用水冲突等方面发挥的积极作用。张建斌（2014）基于浙江东阳—义乌水权交易案例阐述了水权交易的水资源配置和社会福利正效应。

显然，目前中国水权交易机制的政策效应研究多以案例定性分析为主，缺乏系统科学的实证检验。随着政策分析工具的发展，双重差分法（DID）及其衍生方法如三重差分法（DDD），双重差分倾向得分匹配（PSM-DID）方法等作为一种"准自然实验"的方式，被大量学者用于评价资源环境领域的政策效应。如沈坤荣和金刚（沈坤荣、金刚，2018）基于 DID 和 PSM-DID 研究了河长制的治理效果；学者（Shao et al.，2019）基于 DID 和 DDD 研究了能源强度控制目标对工业全要素能源效率的影响；石大千等（2018）基于 PSM-DID 估计了智慧城市建设对环境污染的影响；任胜钢等（2019）基于 DID 和 DDD 研究排污权交易机制是否提高了企业全要素生产率以及胡等（Hu et al.，2020）基于 DID 研究了碳排放权交易机制对中国工业部门节能减排的影响等。考虑到水权交易机制在一些地区随机实施，而另一些地区却没有实施，基本符合"准自然实验"的研究背景，因此本文在"准自然实验"研究框架下借助双重差分法思想，实证检验中国自 2000 年浙江东阳—义乌水权交易实施以来，作为一种市场化机制，水权交易是否实现了水资源优化配置，是否提高了地区用水效率，并最终实现了地区节水效果。

基于此，本章利用1998～2017年我国30个省（区、市）面板数据，使用渐进性双重差分法（渐进DID）估计了水权交易机制对地区和农业用水总量的影响及其作用路径。研究发现，相对于非试点区，水权交易会显著促进试点地区用水总量的降低，平均节水效应为3.1%，且一系列稳健性检验结果均表明这一促进效应显著存在。水权交易这种促进作用主要是通过提高用水效率和调整用水结构的方式来实现，即通过促使水资源从农业部门转移到生活和工业部门的结构调整方式，提高了全社会用水效率，从而实现地区节水。通过地区异质性分析发现，由于受到水资源需求较大而供给不足造成的用水压力驱使，相比压力小的地区，水权交易会更显著地促使压力较大地区用水总量的下降；而从地区可交易水量来看，水权交易仅在可交易水量较大地区发挥节水作用，可交易水量不足地区由于无法提供交易的基础保障，从而不能发挥出节水效果。

本章主要在以下四个方面做出了贡献：（1）考虑到水权交易在全国多个省（区、市）开展实施，在合理控制宏观环境、其余政策因素的干扰下，将实施和未实施的省（区、市）水权交易发生前后的节水效应进行差异性分析，能够在全局而非个案视角下，对水权交易节水效应进行综合评价。（2）借助水权交易分批分次实施的特征，本节基于渐进DID方法，通过大量的识别假定检验和稳健性检验水权交易的节水效应，有效处理了水权交易机制存在的内生性问题。（3）从提高地区用水效率和调整地区用水结构视角，研究了水权交易影响地区和农业用水的作用机制。（4）通过构建反映地区用水压力和可交易水量的综合性指标，揭示水权交易机制节水效应的地区异质性特征，为政策实施提供参考依据。

本章余下部分结构安排如下：8.2节是水权交易逐批试点实施的背景介绍；8.3节是研究设计，包括渐进DID回归模型设定、数据说明和模型的适用性分析；8.4节、8.5节是实证分析，包括稳健性检验、影响机制分析和异质性分析；8.6节是结论和政策启示。

8.2 水权交易机制介绍

自党的十八大以来，水权制度建设作为健全自然资源产权制度的重要组成部分和核心内容之一，被提高到支撑生态文明制度建设战略高度。依据水利部印发的《水权交易管理暂行办法》，水权交易是指：在合理界定和分配水资源使用权基础上，通过市场机制实现水资源使用权在地区间、流域间、流域上下游、行业间、用水户间流转的行为。包括三种类型：区域水权交易、取水权交易和灌溉用水户水权交易。其中，区域水权交易以现实水量转让为基础，一般发生在同一流域，或者具有跨流域调水条件的行政区域之间；取水权交易主要发生在同一地区不同行业之间，一般由工业投资建造供水工程，农业节水向工业提供必要水资源，从而产生水权转换；灌溉用水户水权交易是指已明确用水权益的灌溉用水户或用水组织之间的水权交易。

为了获得水权交易实施地区和时间的具体信息，我们手工整理了1998～2017年我国30个省（区、市）推行水权交易的情况。基于四个渠道整理了资料数据，一是通过百度检索各地区发布的水权交易官方文件；二是通过中国知网检索关键词为"水权交易"的相关文献和新闻报道；三是参考《太湖流域典型地区水权制度建设调查分析(2017年)》材料；四是摘取中国水权交易所平台网站上2016～2017年的交易信息。基于上述不同信息渠道，多方位交叉确认各省份是否推行水权交易，以及哪一年开始推行水权交易的相关信息（见附表）。

我国水权交易实施具有分批分次、逐步推广的特征。自2000年开始，我国迎来了第一轮水权交易试点热潮（2000～2013年），涉及省（区）有浙江省、甘肃省、宁夏回族自治区、内蒙古自治区等，其中，以浙江省东阳市—义乌市为代表的区域水权交易、宁夏回族自治区和内蒙古自治区地区水权转换为代表的取水权交易、甘肃省张掖市若干灌区实践为代表的灌溉用水户水权交易，标志着我国水权交易从理论走向实践，并表现出不同的交易形式。2014～2017 年，我国出台了一系列关于水权制度建设文件，并在全国范围内推进水权试点工作，开启了第二轮水权交易试点热潮，涉及全国 12 个省（区、市）。其中，2014 年水权交易实施地区有 9 个，宁夏回族自治区、湖北省、内蒙古自治区、河南省、甘肃省、广东省、江西省 7 个省（区）是水利部选择的水权交易试点地区，而福建和新疆则分别进行了区域水权和取水权交易。2016～2017 年，依据中国水权交易所网站，水权交易实施地区有 8 个省（区、市），分别是山西省、河北省、北京市、河南省、宁夏回族自治区、内蒙古自治区、新疆维吾尔自治区和广东省，涵盖了水权交易的三种类型。我国水权交易市场建设在逐步深入，但总体上来看，北方缺水地区水权试点推进速度与改革深度要优于南方丰水地区。

从水权交易实施类型来看，我国目前进行的水权交易大部分是区域水权和取水权交易，灌溉用水户之间的水权交易推进缓慢，主要集中在甘肃省、河北省、宁夏回族自治区和新疆维吾尔自治区的小部分灌区。区域水权交易主要在同一流域内不同省级行政区域间进行，如浙江省和福建省（2003 年），河北省、山西省和北京市（2016 年），以及广东省东江流域（2017 年）；也有少部分发生在南水北调工程中，如河南省平顶山市与新密市（2016 年）、河南省南阳市与新郑市（2016 年）区域水权交易；余下一部分区域水权交易则发生在同一省内不同市辖行政区域间，如浙江省东阳市和义乌市（2000 年）、福建省泉州市和永泰县（2014 年）等。目前来看，区域水权交易主要表现为政治民主协商的有偿供水，市场机制作用并不大。

在三类水权交易（见附表）中，以个人或公司单位为交易主体，以水权转换为标志的取水权交易市场机制作用发挥良好，发展前景强劲。其中，以黄河中上游的宁夏回族自治区、内蒙古自治区的取水权交易为典型代表，运用范围最广，为缓解黄河流域水资源供需矛盾，保障经济社会发展用水需求，做出了积极贡献：一是地方政府通过调整用水结构、推行灌区节水等方式，在未增加黄河取水总量的前提下，为当地新建工业项目提供了生产用水，促进了区域经济快速发展，就鄂尔多斯市而言，其14个受让水量的工业项目，由于水权转换每年新增的工业产值达266亿元。二是拓展了水利融资渠道，灌区节水工程建设速度加快，提高了水资源利用效率和效益，实现了水资源优化配置。三是保护了农民合法用水权益，输水损失减少，水费支出下降，为农民赢得了实惠。取水权交易模式为国家推行水权交易试点工作探索出了一条“农业支持工业，工业反哺农业”的水资源优化配置路线，从而有利于保障全社会水资源的可持续利用。

8.3 研究设计

要研究水权交易是否起到了降低地区用水总量的作用，可以比较该地区在水权交易前后用水总量的变化。然而影响地区用水总量的因素有很多，可能是由于实施了水权交易，也有可能是宏观环境、政策变化的影响，还有可能是受到了其他因素的冲击。因此，我们使用双重差分法来考察水权交易的实施是否会减少地区用水总量。使用双重差分法的一个好处是能够将影响水权交易节水效应的一般性因素剔除，从而得到更可靠的估计结果。

8.3.1 渐进DID模型设定

双重差分法目前已经在政策效果评估中得到了广泛应用，其基本原理是构造有政策处理的“处理组”和没有政策处理的“对组照”，通过控制其他因素，对比政策发生前后处理组和对照组之间的差异解释政策效应。在某些情形下，处理组的“处理”时间存在先后差异，鉴于我国水权交易是在不同地区进行逐步推广，这就构成了渐进DID

模型。本节借鉴郭峰和熊瑞祥（2017），贝克等（Beck et al.，2010）的研究，构建模型如下：

$$y_{it} = \alpha + \mu_i + v_t + \delta trading_{it} + \theta X_{it} + \varepsilon_{it} \quad (8-1)$$

其中，y_{it}为水权交易政策效应指标，即第 i 个地区第 j 年地区和农业用水总量。X_{it}是控制变量，其系数 θ 度量这些因素对地区用水总量的影响。变量 $trading_{it}$反映第 i 个地区第 t 年是否实施了水权交易，某地区实施水权交易当年和此后各年取值为1，其余年份取值为0。这样的设置就自动产生了“处理组”和“对照组”，以及“处理前”和“处理后”的双重差异。系数 δ 反映了水权交易实施对地区用水总量的平均影响，体现了水权交易实施的节水效应，如果系数显著为负，则可以推断水权交易在减少地区用水总量方面是有效的。μ_i 表示个体效应，控制的是各省份不随时间变化的特征，如气候、地理特征和自然禀赋等；v_t 表示时间效应，控制的是所有省份共有的时间因素，如宏观经济冲击、商业周期、政府财政和货币政策等。ε_{it}为随机扰动项，满足零均值同方差假设。

8.3.2　变量选择和数据说明

本章基于1998～2017年数据评估水权交易实施对地区用水总量的影响，由于西藏的相关数据缺失，仅涵盖30个省（区、市）。渐进DID模型中包含被解释变量（地区用水总量 y_{it}），核心解释变量（水权交易指标 $trading_{it}$）和一系列控制变量 X_{it}。其中，控制变量从地区用水总量的各影响因素方面考虑，借鉴张陈俊等（2016）的因素分解结果，本文从经济规模效应（人均GDP）、产业结构效应（二三产业产值占比）和人口规模效应（地区总人口）进行分析；同时参考赵等（Zhao et al.，2017）的研究，加入水资源禀赋自然条件因素（人均水资源量）；参考赵卫华（2015），加入收入效应因素（城镇居民人均可支配收入）；借鉴徐成龙和程钰（2016）、张建清等

（2019）的研究，加入环境规制强度因素（地区 COD 排放强度：体现的是各种环境规制手段对地区 COD 排放综合治理的最终效果），分析其对地区用水量的间接影响。

本节的核心解释变量为地区是否实施水权交易。基于手工收集的水权交易信息，借助水权交易是否实施将全国 30 个省（区、市）划分为水权交易实施地区（处理组）和非实施地区（对照组），其中处理组包含浙江省、甘肃省、宁夏回族自治区、内蒙古自治区、福建省、江西省、湖北省、河南省、新疆维吾尔自治区、广东省、山西省、河北省和北京市 13 个省（区、市），其余 17 个省份则为控制组，同时依据各处理组实施时间，对水权交易指标进行赋值。

所有数据来源于《中国统计年鉴》和《中国环境年鉴》，其中地区 COD 排放量 2003 年及其后数据来自《中国统计年鉴》，2000～2003 年数据来自《中国环境年鉴》，1998～1999 年数据来自《中国统计年鉴》中工业 COD 与生活 COD 排放量之和。所有名义变量均以 1998 年为基期经过价格调整。主要指标的描述性统计结果如表 8－1 所示。

表 8－1　　主要变量解释和描述性统计

变量	变量说明	均值	标准差	最小值	最大值
y^*	地区用水总量（亿立方米）	191.9	134.4	16.4	591.3
trading	水权交易指标：见表 7－3	0.2	0.4	0.0	1.0
*PGDP**	人均 GDP（元/人）	8 175.2	4 433.8	2 326.5	25 206.0
structure	产业结构（%）：二三产业占 GDP 比重	87.1	7.0	63.6	99.6
*population**	地区总人口（万人）	4 365.1	2 634.7	503.0	11 169.0
*endowment**	人均水资源量（立方米/人）	2 161.6	2 465.8	27.1	16 176.9
*domincome**	城镇居民人均可支配收入（元）	13 098.5	6 979.6	4 009.6	43 693.5
*CODintensity**	地区 COD 排放强度（千克/万元）：COD 排放量占 GDP 比重	18.4	10.0	1.8	73.4

注：* 表示该变量在模型中取对数形式。

资料来源：笔者根据年鉴数据计算得到。

8.4　模型适用性检验

综上所述，使用渐进DID模型进行政策评价的主要目的是剔除那些水权交易实施之外的宏观环境和其他政策因素的干扰，因此首要任务是确认水权交易的实施是否与当地用水总量有直接关系，如果地区用水总量直接影响到当地是否推行水权交易试点，那么就会出现处理组的内生性选择问题，从而违反“随机性”选择假设。此外，要确认我们的对照组是否是处理组合适的“反事实”，也需要检验平行趋势假定是否成立。因此，下面我们关于“随机性”假设和平行趋势假定进行模型使用前的适用性检验。

8.4.1　“随机性”假设检验

要验证水权交易试点并不会直接受到地区用水总量的影响，本文构建试点地区在水权交易实施前的地区用水总量均值和实施时间的散点图（见图8－1）。显然，从图8－1可以看出，水权交易试点实施与地区用水总量没有直接关系，用水总量高低并不会直接促使地区推行水权交易试点，而且两者的回归结果也显示，t值为1.1，统计上并不显著，说明模型中处理组的选择符合“随机性”假设。

另外，从水权交易的具体实施事件也可以看出，试点地区主要发生在用水紧张或存在用水冲突的地区。用水紧张是从地区需求量和供水量两方面因素来综合考虑，而不是只取决于地区用水量。事实上，如果地区需水量远超过地区供水量，那么在一定程度上会造成流域范围内，省际间或省区内的用水冲突，从而在一定条件下，产生水权交易。比如，宁夏回族自治区和内蒙古自治区在2003年开始启动水权

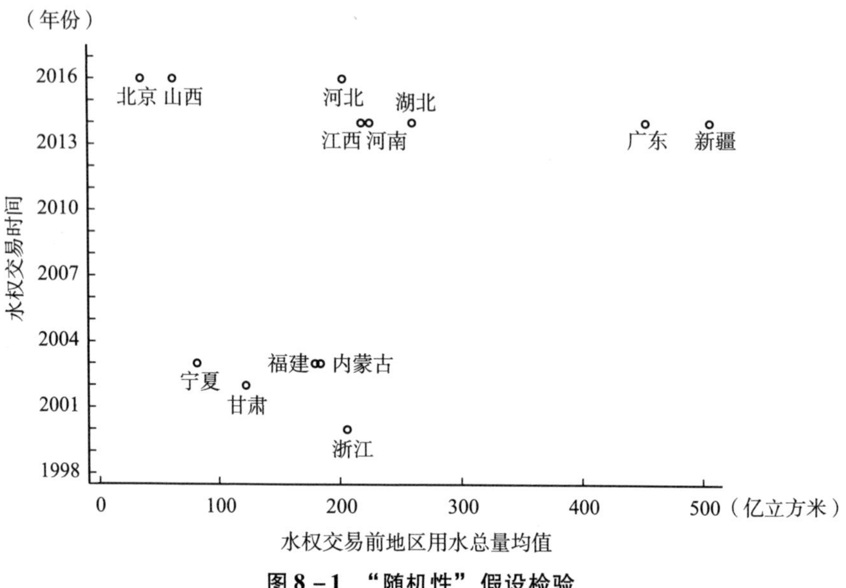

图8－1 "随机性"假设检验

资料来源：笔者绘制。

交易并持续至今，均是长期的农业水权向工业水权转换的取水权交易模式，这两个地区的总用水量均低于全国平均水平（202.08立方米），其中，宁夏回族自治区为68.77立方米，内蒙古自治区为185.87立方米。而新疆维吾尔自治区玛纳斯县通过塔西河灌区农民节水的方式，也经由取水权交易模式给工业园区企业输水，其地区用水总量则远超全国平均，为572.95立方米。可见，在同一类取水权交易模式下，交易主体既存在用水量高的地区（新疆维吾尔自治区），亦存在用水量低的地区（宁夏回族自治区和内蒙古自治区），说明地区用水量高低并不直接决定水权交易主体。而且从流域水权交易来看，往往都是上游节余水量转让给下游地区，如广东省东江流域，上游惠州市将节余的东江水转让给下游的广州市，永定河上游地区河北张家口和山西大同将水权转让于下游的北京。可见，水权交易实施也极易受到地理条件、自然因素的影响。

综上所述，我们发现地区用水总量并不会直接影响到该地是否进行水权交易，因此本模型不存在处理组内生性选择问题，初步满足了双重差分法的“随机性假设”适用性前提。

8.4.2　平行趋势检验

平行趋势检验是认为，早进行水权交易的地区与晚进行水权交易的地区在水权交易实施之前的发展趋势应该不存在系统差异，或者即便存在差异，差异也是固定的，即两者的发展趋势是一致的。如此，我们才可以把晚进行水权交易的地区作为早进行水权交易地区合适的对照组。为检验这一“平行性”假设，本节参考郭峰和熊瑞祥（2017）的做法，按照水权交易每年新增试点事件（2000 年浙江省，2002 年甘肃省，2003 年福建省、内蒙古自治区和宁夏回族自治区，2014 年江西省、湖北省、河南省、新疆维吾尔自治区和广东省，2016 年山西省、河北省和北京市）将时间分成几个阶段，并分别将后一阶段的地区看作前阶段试点地区的对照组，考察他们在此前的地区用水总量差异性。具体来说，我们比较 1998 ~ 1999 年浙江省（处理组）和其余所有省份（对照组）用水总量的差异；比较 2000 ~ 2001 年浙江省、甘肃省和其余地区；比较 2002 年浙江省、甘肃省、福建省、宁夏回族自治区、内蒙古自治区和其余地区；比较 2003 ~ 2013 年浙江省、甘肃省、福建省、广东省等 10 个省份和其余地区；比较 2014 ~ 2015 年 13 个试点地区和其余地区用水总量的差异。图 8 - 2 描述了按照上述方式设置的处理组和对照组在各年的地区用水总量，可以看出，在每个阶段，处理组和对照组在水权交易实施前的走势非常一致，两者之间没有明显的系统差异，满足平行趋势检验。

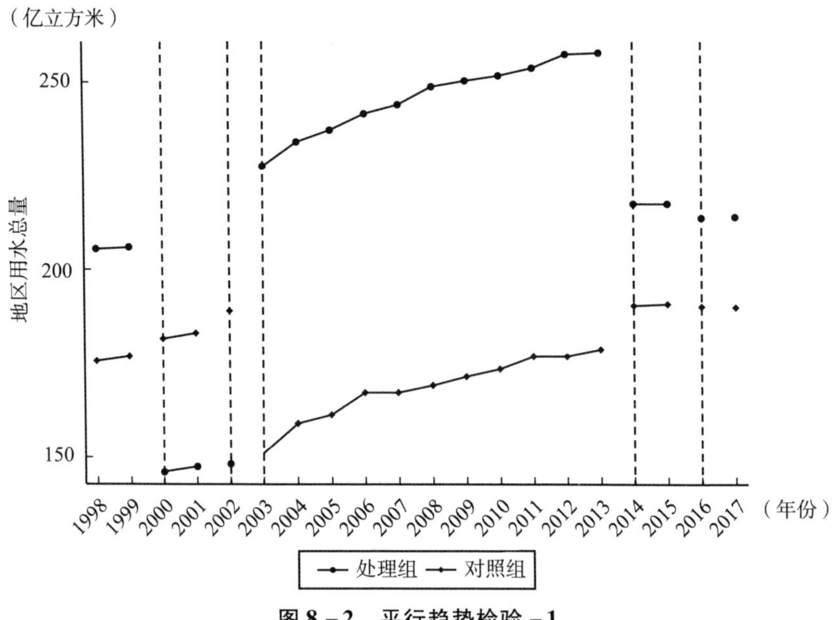

图 8－2　平行趋势检验－1

资料来源：笔者绘制。

另外，本节也参考贝克等（2010）、佘等（She et al.，2019）提出的检验方法，以最早实施水权交易的 2000 年为基准年，在模型（1）中加入一系列时间虚拟变量，分析在样本期内向前两年及其后 17 年，水权交易对地区和农业用水总量变化的影响，检验模型如下：

$$y_{it}=\alpha+\beta_{-2}D_{it}^{-2}+\beta_{-1}D_{it}^{-1}+\beta_0D_{it}^{0}+\beta_1D_{it}^{1}+\cdots+\beta_{17}D_{it}^{17}+\theta X_{it}+\mu_i+\upsilon_t+\varepsilon_{it} \tag{8-2}$$

其中，y_{it}，X_{it}，μ_i，υ_t，ε_{it}假设同上。$D_s^{\prime}$是一组水权交易虚拟变量，D^{-j}表示第 i 个地区在水权交易实施前 j 年均为 1，而 D^{+j}表示第 i 个地区在交易实施后 j 年均为 1，因此系数 β 表示相对于基准年的每年政策效应。如果处理组和对照组在实施前地区用水总量变化趋势一致，那么 D^{-j}应该不显著。图 8－3 绘制了 95% 置信区间下控制时间和个体效应的系数 β 估计结果，本节发现，在水权交易最早实施的 2000 年前，政策效应均不显著。因此，满足平行趋势假设。此外，政策效应从第7年才开始显著并逐渐增大，说明水权交易的节水效应要经过较长时期才能发挥作用，具有一定的滞后性。

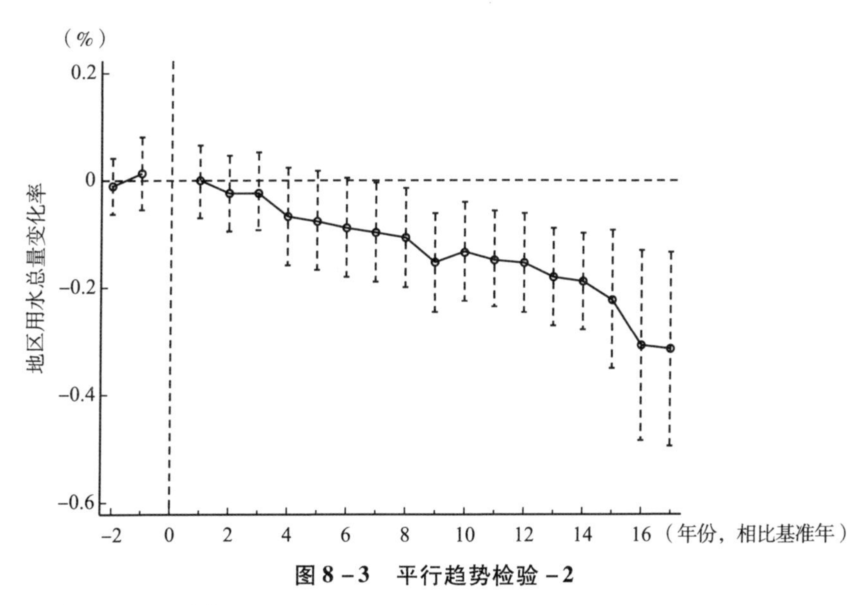

图8－3　平行趋势检验－2

资料来源：笔者绘制。

8.5　实证结果

本节我们首先估计水权交易对地区用水总量的影响，接着对模型进行稳健性检验。然后考察水权交易减少地区用水的作用机制：是通过提高用水效率方式还是调整用水结构方式。最后考虑到地区在用水压力和可交易水量方面存在差异，通过构建综合性度量指标的方式，揭示水权交易节水效应的异质性特征。

8.5.1　水权交易对地区和农业用水总量的影响

表8－2描述了渐进DID模型（8－1）的估计结果。不含任何控

制变量，如表8－2第（1）列所示；水权交易的实施显著降低了所在地区的用水总量（估计系数为－0.046，统计上显著），在逐步控制了经济规模效应，如表8－2第（2）列所示；产业结构效应，如表8－2第（3）列所示；人口规模效应，如表8－2第（4）列所示；水资源禀赋因素，如表8－2第（5）列所示；环境规制强度因素，如表8－2第（6）列所示和城镇居民收入因素，如表8－2第（7）列所示，系数估计结果仍然显著，说明水权交易实施的确可以促进当地用水总量降低。总体来说，相对于非试点地区，试点地区自水权交易实施之后，用水总量将平均降低3.1%，水权交易实施的节水效果是显著的。

表8－2　　主模型回归结果

变量	用水量						
	（1）	（2）	（3）	（4）	（5）	（6）	（7）
trading	−0.046*** （−2.87）	−0.042*** （−2.65）	−0.040** （−2.49）	−0.027* （−1.66）	−0.027* （−1.67）	−0.033** （−2.09）	−0.031* （−1.95）
PGDP		1.031* （1.72）	1.117* （1.85）	0.535 （0.87）	0.515 （0.83）	0.893 （1.44）	1.417** （2.19）
PGDP2		−0.062* （−1.78）	−0.065* （−1.87）	−0.0412 （−1.16）	−0.04 （−1.12）	−0.061* （−1.72）	−0.089** （−2.40）
structure			−0.003 （−1.14）	−0.004* （−1.84）	−0.004* （−1.85）	−0.004* （−1.90）	−0.005** （−2.13）
population				1.485*** （2.76）	1.498*** （2.77）	1.484*** （2.78）	1.645*** （2.98）
pop2				−0.121*** （−3.37）	−0.122*** （−3.38）	−0.118*** （−3.31）	−0.135*** （−3.58）
endowment					−0.005 （−0.33）	−0.005 （−0.36）	−0.005 （−0.39）
CODintensity						0.071*** （4.00）	0.087*** （4.71）
domincome							−0.919* （−1.91）
dominc2							0.056** （2.20）

续表

变量	用水量						
	(1)	(2)	(3)	(4)	(5)	(6)	(7)
常数项	4.891*** (315.39)	0.628 (0.24)	0.326 (0.13)	-0.341 (-0.12)	-0.268 (-0.09)	-2.292 (-0.78)	-1.133 (-0.33)
个体效应	控制	控制	控制	控制	控制	控制	控制
时点效应	控制	控制	控制	控制	控制	控制	控制
N	600	600	600	600	600	600	600
R^2	0.279	0.284	0.286	0.317	0.317	0.336	0.346

注：***、**、*分别表示在1%、5%、10%水平下显著。括号内数值为t统计值。
资料来源：笔者绘制。

从控制变量来看，人均GDP和总人口均会对地区用水总量起到积极的推动作用，并呈现出倒“U”形曲线特征，说明经济发展和人口增长初、中期均会显著增加用水需求，而在经济和人口扩张到一定程度，随着资源优化和用水效率提高，用水总量的增长态势会逐渐降低。这和产业结构效应的估计结果相一致（回归系数为-0.005，统计上显著），说明随着产业发展由农业逐渐转向二三产业，水资源配置效率和利用效率的提高会促使地区用水总量的显著下降。从环境规制强度（地区COD排放强度指标）估计结果来看，由于环境规制强度与COD排放强度负相关，而COD排放强度与用水总量正相关（统计显著，系数为0.087），因此揭示了水环境规制强度与地区用水总量会呈现出负相关的关系，即环境规制不仅会直接造成COD排放量减少，也会间接造成地区用水量降低，说明在目前节水减排的政策目标下，强化环境规制会是非常有效的工具手段。从城镇居民收入效应来看，其对地区用水总量的影响呈现出“U”形曲线特征，说明随着收入增加，城镇居民首先会降低用水量，然而当收入超过一定阈值后，居民并不会继续节水，用水量不降反升。造成这种现象的原因，可能和城镇居民的用水行为和意愿相关，当收入初期上涨时，居民会积极调整从耗水型家电转向到节水型智能家电，而当收入涨幅很高时，他们往往不会在意这些用水消耗，导致一定程度上的用水浪费，从而造成用水总量随着收入增长，呈现出先减后增的态势。

8.5.2 稳健性检验

为了验证上述结论的可靠性，本节进行一系列的稳健性检验，结果如表 8 - 3 所示。

表 8 - 3　　稳健性检验结果

项目	(1)	(2)	(3)	(4)	(5)
trading		-0.031 * (-1.87)	-0.112 *** (-5.18)	-0.031 * (-1.95)	-0.074 *** (-3.90)
*trading*1	-0.030 * (-1.83)				
*d*2012				0.179 (1.63)	
常数项	-1.088 (-0.31)	-0.905 (-0.25)	0.656 (0.16)	-1.133 (-0.33)	-5.603 (-1.35)
控制变量	控制	控制	控制	控制	控制
个体效应	控制	控制	控制	控制	控制
时间效应	控制	控制	控制	控制	控制
N	600	540	480	600	600
R^2	0.346	0.353	0.435	0.346	0.362

注：***、* 分别表示在 1%、10% 水平下显著。括号内数值为 t 统计值。
资料来源：笔者依据模型计算得到。

（1）删除灌溉用水户水权交易事件。考虑到水权交易三种类型中的灌溉用水户水权交易模式往往只在灌区范围内短时期实施，其长期政策效应和其余两类有差异，故而在模型中剔除这类水权交易事件，重新构建水权交易指标 trading1 进行回归，估计结果如表 8－3 第（1）列所示。可以发现该结果和表 8－2 基本一致，这说明改变核心解释变量的测算方法不会影响本文的估计结果。

（2）删除 2008～2009 年数据。考虑到 2008 年金融危机会对工业企业、社会生产和居民生活产生大范围的影响，故而将此期间的数据剔除，重新回归模型。从表 8－2 第（2）列估计结果可以看出，水权交易的实施仍然会积极促进地区用水总量的下降，说明排除了金融危机的外在冲击影响后，本节的估计结果仍然稳健。

（3）仅保留 2014 年之前数据。2014 年是水权交易机制实施的转折点，在此之前，水权交易实施多以地方自主发起为主，其市场化运行程度较大；自 2014 年起，水权交易机制在国家层面上逐步推广实施，国家先是设定了 7 个试点省份，然后建立了中国水权交易所供其运行。显然，水权交易作为一种市场化手段，2014 年前的节水效果应该更大，因此在模型中剔除 2014 年及其后数据进行回归，估计结果如表 8－3 第（3）列所示。我们发现，在 2014 年之前，水权交易机制的节水效应仍然稳健，平均节水高达 11.2%，市场化机制作用显著。

（4）剔除其余政策效应。在水资源管理领域，政府颁布了很多政策指导意见和相关文件，其中以 2012 年国务院发布的最严格水资源管理“三条红线”政策最为重要。为了避免模型回归受到其他政策影响的干扰，使得水权交易政策效应结果产生高估或者低估问题，本节在基准模型中加入 2012 年政策虚拟变量，设定政策当年及其之后年份为 1，其余年份为 0。如果政策虚拟变量加入模型中，水权交易政策效应不显著，则表明其节水效应是不存在的。估计结果如表 8－3 第（4）列所示，2012 年“三条红线”政策效应未有显著成效，这可能是与样本期内该政策实施时间并不长有关。可以看出，在剔除了这类水资源管理政策效应后，水权交易机制的地区节水效应仍然十分显著，说明本节结论是稳健的。

（5）修改因变量为农业用水量。鉴于中国农业用水份额占比较高以及农业用水效率较低的原因，农业一直是地区节水的主要部门，实现农业节水是构建节水型社会的关键所在。因此本文构建农业用水量（亿立方米）为因变量，分析水权交易机制对农业节水的影响，估计结果如表8－3第（5）列所示，可以看出，水权交易机制同样显著降低了农业用水，从而会一定程度上降低地区用水总量，实现节水效果，说明本节结果稳健。

8.5.3 影响机制分析

前面验证了水权交易存在显著节水效应，那么作为一种市场化机制，它是通过什么路径影响地区用水总量的，本节拟从用水效率和用水结构两个角度进行剖析。

8.5.3.1 提高用水效率

水权交易是一种利用价格机制实现权利在不同取、用水户之间流转的市场化手段，由于地区在水资源分布和利用上存在不平衡性，因此借助"看不见的手"市场力量，在用水效率低和用水效率高的取水户之间合理配置水资源，可以获得更大的社会总收益（王亚华，2017）。考虑到在水权交易机制下，用水效率低的部门如农户会在利益驱使下采取更加先进的灌溉技术，将获得的节水量转换给用水效率更高的部门，从而造成农业灌溉技术进步，进而提高全社会用水效率（Fang and Zhang，2020），因此本节拟验证水权交易是否会通过提高地区用水效率的方式，实现其节水效果。

为了验证这一影响机制是否成立，本节选择地区用水强度指标作为地区用水效率的代理变量，构建模型进行实证检验：

$$wueGDP_{it} = \alpha + \mu_i + \upsilon_t + \delta trading_{it} + \theta X_{it} + \varepsilon_{it} \quad (8-3)$$

$$wueindustry_{it} = \alpha + \mu_i + \upsilon_t + \delta trading_{it} + \theta X_{it} + \varepsilon_{it} \quad (8-4)$$

$$coeff_{it} = \alpha + \mu_i + \upsilon_t + \delta trading_{it} + \theta X_{it} + \varepsilon_{it} \quad (8-5)$$

其中，X_{it}，μ_i，v_t，ε_{it}假设同上。$wueGDP_{it}$，$wueindustry_{it}$和 $coeff_{it}$ 分别表示地区万元 GDP 用水量、工业万元增加值用水量和灌溉水有效利用系数①，衡量的是地区、工业和农业用水效率的高低，前两者其值越高，用水效率越低，后者其值越高，农业灌溉技术越低，反之亦然。因此系数 δ 表示相对于非试点区，水权交易试点区对地区、工业和农业用水效率变化的平均影响。从表 8-4 第（2）列、第（4）列的估计结果可以看出，控制了其余变量、个体效应和时间效应后，水权交易的实施分别促使农业和地区用水效率平均提高了 1.2% 和 3.8%，说明水权交易机制确实显著推动了水资源利用效率的提高。

表 8-4　影响机制分析结果

变量	用水结构	灌溉水有效利用系数	工业用水强度	地区用水强度
	(1)	(2)	(3)	(4)
trading	10.071**	0.012**	0.008	-0.038**
	(2.40)	(2.01)	(0.24)	(-2.25)
常数项	1300	-1.032	23.653***	15.368***
	(1.46)	(-0.77)	(3.08)	(4.20)
控制变量	控制	控制	控制	控制
个体效应	控制	控制	控制	控制
时点效应	控制	控制	控制	控制
N	600	600	600	600
R^2	0.390	0.767	0.346	0.744

注：***、**、* 分别表示在 1%、5%、10% 水平下显著。括号内数值为 t 统计值。
资料来源：笔者依据模型计算得到。

8.5.3.2　调整用水结构

我国农业是用水大户，长期以来，占据全国用水总量的 62% 左

① 数据来源于中国节水灌溉网站和《中国水资源公报》。

右，很多地区如西北的宁夏、新疆等地，农业用水占比更是高达90%以上，可以说实现农业节水也就很大程度上降低了地区用水总量。而且目前城市化进程的加速发展也必然会造成水资源从农业向二三产业转移，从而体现出地区用水结构的调整。可见，实现不同行业间用水量的转换，对于降低目前我国过高的农业用水量，满足社会经济发展的需求是一项必要举措。那么，水权交易作为一种市场化机制，是否合理调整了地区用水结构，从而通过减少农业用水，将水资源转向工业和生活生产用水的方式，积极降低地区用水总量。

为了验证水权交易这一影响机制是否成立，本文选择（工业和生活用水）占农业用水比例（%）指标表示地区用水结构变量，构建模型进行实证检验：

$$inddomagr_{it} = \alpha + \mu_i + v_t + \delta trading_{it} + \theta X_{it} + \varepsilon_{it} \tag{8-6}$$

其中，X_{it}，μ_i，v_t，ε_{it}假设同上。$inddomagr_{it}$表示（工业和生活用水）/农业用水，衡量的是地区用水结构调整，其值越高，代表农业用水更多地转向二三产业用水，反之亦然。系数δ表示相对于非试点区，水权交易试点区对地区用水结构变化的平均影响。从表8-4第（1）列的估计结果可以看出，在控制了其余变量、个体效应和时间效应后，水权交易的实施会促使地区用水结构平均提高10.07%，这意味着水权交易机制会推动农业用水更多地转向二三产业用水。由于降低了最大耗水部门（农业）的用水量，同时满足了社会经济发展的需求，从而实现了部门间水资源的优化配置，减少了地区用水总量，说明水权交易通过调整用水结构的方式也产生了积极的节水效果。

8.5.4 异质性分析

尽管已经验证了水权交易对地区节水是有效的，但试点地区内不同个体对试点冲击的响应是否存在一定差异性？对于该问题的探讨有助于深入理解水权交易的作用机制和边界条件。因此，本节分别从地

区用水压力特征和可交易水量特征两方面对水权交易节水效应的异质性进行探讨。

8.5.4.1　用水压力异质性

本节研究水权交易实施下用水压力异质性特征。依据田贵良和胡雨灿（2019）的研究，他们认为如果地区用水压力较大，会迫使其自主推动水权交易的实施，从而保障交易顺利进行，进而变现出更大的节水效果。而地区用水压力一方面受限于水资源禀赋，另一方面受制于各行业生产生活的水资源需求量，一旦出现需水量大而供给量不足的现象，就会造成强大的用水压力（Fang and Zhang，2020）。因此相比用水压力较小地区，压力较大地区由于积极内推力，会呈现出更大的水权交易节水效应。

为了验证用水压力不同导致的异质性特征是否存在，本节用人均水资源量代表水资源供给方面，用人均用水量代表水资源需求方面，基于供需两方面的标准化综合性指标，界定地区用水压力变量。具体做法是：人均水资源量作为衡量压力的负向指标，人均用水量作为正向指标分别进行标准化处理，然后取加权平均（权重各取 0.5），作为地区用水压力的综合评价指标，最终将我国 30 个省（区、市）三等分为：用水压力小、中等和大的地区。在模型（1）基础上进行分组回归，估计结果如表 8－5 第（1）列、第（2）列和第（3）列所示。我们发现，在用水压力较大（即压力中等和压力大地区）的子样本上水权交易的政策效应总体上保持稳健，均起到积极节水效果，且呈现出压力越大节水效应越高的现象；而压力小地区的节水效果并不显著。说明水权交易机制目前仅在用水压力较大地区发挥作用。

8.5.4.2　可交易水量异质性

上一节考虑的是在用水压力的内在驱使下，地区在水权交易节水效应方面存在的异质性，本节拟从可交易水量方面剖析异质性特征。

依据韩洪云等（2010）的研究，他们认为水市场成功发展的核心是保障农业用水向其他用水目标的有效转移。另外，田贵良和胡雨灿（2019）研究发现，农业水权转移的条件取决于灌溉农业部门的水权供给能力，农业水权供给能力越大，该地可交易水量越大，而衡量农业水权供给能力则可以从农业灌溉技术水平和农业用水份额两方面来共同界定，即农业灌溉技术水平越低，农业水权供给能力越大，则可交易水量越大；农业用水份额占比越高，农业水权供给能力越大，则可交易水量也越大。

因此，为了验证可交易水量不同导致的异质性特征是否存在，本文用农业用水占地区用水总量比重表示农业用水份额，用农田灌溉水有效利用系数表示农业灌溉技术水平，基于这两方面的标准化综合性指标构建地区可交易水量，具体做法是：农田灌溉水有效利用系数作为可交易水量的负向指标，农业用水占比作为正向指标分别进行标准化处理，然后取加权平均（权重各取0.5），作为地区可交易水量的综合评价指标，最终将全国30个省（区、市）等分为两组：可交易水量小、可交易水量大的地区。在模型（1）基础上进行分组回归，估计结果如表8－5第（4）列、第（5）列所示。我们发现，可交易水量大的地区，政策效应显著，而可交易水量小的地区，水权交易实施却未能有效促使地区用水总量的降低，可见水权交易制度的有效实施需要合理提高地区可交易水量，只有保障一定的可交易量实施条件下，水权交易才能充分发挥出节水效果。

表8－5　异质性分析结果

变量	用水压力小	用水压力中等	用水压力大	可交易水量小	可交易水量大
	(1)	(2)	(3)	(4)	(5)
trading	－0.005 (－0.19)	－0.044* (－1.67)	－0.096*** (－3.22)	0.014 (0.56)	－0.068*** (－4.03)

续表

变量	用水压力小 (1)	用水压力中等 (2)	用水压力大 (3)	可交易水量小 (4)	可交易水量大 (5)
常数项	56.986*** (8.12)	-13.625** (-2.10)	13.841* (1.83)	-33.414*** (-6.07)	21.916*** (4.31)
控制变量	控制	控制	控制	控制	控制
个体效应	控制	控制	控制	控制	控制
时点效应	控制	控制	控制	控制	控制
N	200	200	200	300	300
R^2	0.694	0.558	0.575	0.511	0.515

注：***、**、*分别表示在1%、5%、10%水平下显著。括号内数值为t统计值。
资料来源：笔者计算整理所得。

8.6 本章小结

本章利用水权交易在不同地区、不同时间点上实施的特征，基于1998~2017年我国30个省（区、市）面板数据，使用渐进性双重差分法（渐进DID）估计了水权交易机制对地区和农业用水总量的影响及其作用机制。研究发现，相对于非试点区，水权交易会显著促进试点地区和农业用水总量的降低，平均节水效应为3.1%，且一系列稳健性检验结果均表明这一促进效应显著存在。水权交易这种促进作用主要是通过提高用水效率和调整用水结构的方式来实现，即通过促使水资源从农业部门转移到生活和工业部门的结构调整方式，提高了全社会用水效率，从而实现地区节水。通过地区异质性分析发现，由于受到水资源需求较大而供给不足造成的用水压力驱使，相比压力小的地区，水权交易会更显著地促使压力较大地区用水总量的下降；而从地区可交易水量来看，水权交易仅在可交易水量较大地区发挥节水作用，可交易水量不足地区由于无法提供交易的基础保障，从而不能发挥出水权交易的节水效果。

本章的发现为中国在资源节约领域进一步推行水权交易市场机制有着重要的政策启示。

首先，肯定了水权交易机制在地区和农业节水方面的积极促进作用。在控制了宏观因素，个体差异和其余政策效应后，我们的研究证实了水权交易确实有利于地区和农业节约用水，这说明政府应继续大力推行水权交易试点。

其次，明确了水权交易机制的影响路径。水权交易主要通过水权在不同行业间转换，实现了从用水效率低和用水收益低的农业转向其他行业的结构调整，在优化配置水资源的方式下，提高了全社会用水效率，促进了地区节水。这一结论也符合水权交易这一市场化机制的改革方向。

最后，揭示了水权交易节水效应存在地区差异性。考虑到用水压力较大地区会产生更大的水权交易推动力，国家可以在人均用水量高且人均水资源量低的地区如黑龙江、辽宁、江苏和安徽等省份，进一步推广水权交易试点。另外，考虑到只有充足的可交易水量才能保障水权交易的顺利开展，因此需要积极提高已试点地区的可交易水量，通过提高农业灌溉技术、实施农作物精准灌溉以及杜绝用水浪费等方式，确保水权交易机制发挥更大的节水效果。

第9章　结论与展望

本章首先对前面各个章节的主要内容进行回顾和总结；其次，在研究结论的基础上，提出提高农业灌溉技术进步，节约农业用水的政策建议；最后，基于本研究尚未解决的问题和不足之处，对未来研究方向进行展望。

9.1　主要结论

在目前农业灌溉技术水平不高，以及政府大力提倡提高农业用水效率、节约农业用水的政策背景下，本书就灌溉技术进步对农业节水的影响路径及其调节对策进行实证分析。首先，基于技术异质性视角测度农业用水的全要素生产技术效率，以此表征农业灌溉技术水平，剖析其发展现状和动态演变规律；其次，基于 Cobb-Douglas 生产函数验证了“直接效应”“间接效应”和“回弹效应”影响路径的存在性，并基于技术创新理论和“回弹效应”经济学理论，剖析“间接效应”和“回弹效应”影响路径的作用机理；再次，基于扩展的 IPAT 面板数据模型，采用中介效应思想分析“直接效应”和“间接效应”影响路径，以及基于 SBM-Malmquist 指数和 LMDI 模型分析“回弹效应”影响路径；最后，在技术层面上，针对直接和间接影响路径中灌溉技术水平无效成分，研究 R&D 资金投入、教育技术培训和政策财政支持这三类宏观农业政策对农业节水产生的调节作用，同时考虑到灌溉技术进步可能造成农业水回弹效应，这就导致仅仅通过调节技术无效成分，将无法实现灌溉技术进步的预期节水效果，因此本书也从管理层面上，研究农业水价和水权交易这两类市场调控型水政策是如何经由价格机制和利益机制对农业节水产生调节作用。基于上述分析和研究主要得出以下结论：

9.1.1 农业灌溉技术进步指标测度

基于技术异质性视角，本书将我国30个省（区、市）分为优化发展区和适度保护区两个组别，并构建包含农业CO_2和面源污染的共同前沿非期望产出SBM模型测算1998~2016年农业灌溉用水效率。结果表明，优化发展区和适度保护区的共同前沿效率年均0.523和0.448，即采用潜在的最优生产技术，两区域效率提升空间分别高达47.7%和55.2%，改善潜力巨大。优化发展区内各省区技术落差率为1，说明各省已位于最优生产前沿面且其内部不存在技术差距。而适度保护区的技术落差率仅为0.806，说明技术效率低和组内各省区的技术差距过大是造成该区域农业用水效率低下的主要原因。

效率动态分析结果显示，优化发展区的灌溉技术水平呈现出更快的增长态势，而适度保护区则略微增长乏力。由于优化发展区技术水平长期以来高于适度保护区，并且近些年其增长仍然在加速，这就导致了两大区域间的差距在逐渐增大。而且从区域内核密度函数的动态演变图也揭示了两大区域内部各省份的灌溉技术进步水平也逐渐出现两极分化现象，区域内省际间效率差距也在增大，越来越趋于离散状态。

9.1.2 灌溉技术进步对农业节水的直接和间接效应影响路径分析

本书借助中介效应检验思想，基于扩展的IPAT模型构建了直接效应和间接效应影响模型，用以检验灌溉技术进步对农业节水的“直接效应”和“间接效应”影响路径，最终通过全国和分区域视角估计了灌溉技术进步对农业节水的直接影响系数和间接影响系数，揭示了直接效应和间接效应的区域差异性。

全国数据估计结果显示，灌溉技术进步会直接影响农业用水，农业灌溉用水效率每提高1%，会直接降低农业用水量约0.08%；灌溉技术进步也会间接影响农业用水，农业灌溉用水效率主要通过促使农业用水强度降低，从而对农业用水量产生间接影响，平均来看，农业灌溉用水效率每提高1%，会间接促使农业用水量降低0.19%。间接效应产生的节水效果要高于直接效应产生的节水效果。而且通过检验间接效应影响路径，我们发现灌溉技术进步主要经由降低农业用水强度从而对农业节水产生积极的间接影响，农作物种植结构调整的间接路径在中国目前的农业大环境下并未产生应有的影响成效。

技术水平分区域估计结果表明，灌溉技术进步会直接和间接影响农业用水，直接效应的区域间差异性不大（高低区域分别为-0.0822和-0.0937），但间接效应存在显著的区域差异性，相比低技术区域（-0.1492），高技术区域的间接影响系数为-0.4502，这意味着农业用水效率每提高1%，会大致直接降低高、低技术区域的农业用水量0.08%~0.09%；而农业灌溉用水效率每提高1%会间接促使高技术区域的农业用水量降低0.45%，而低技术区域仅降低0.15%左右。高技术区域的间接影响贡献率大致是直接影响贡献率的4~5倍，而低技术区域则不到2倍，说明相对于直接影响路径，高、低技术区域均是间接影响在起主导作用，而且显然高技术区域相较于低技术区域而言，间接影响力度更大。

发展规划分区域估计结果表明，灌溉技术进步主要对优化发展区起到积极的直接和间接影响，未能对适度保护区产生积极作用，农业灌溉用水效率每提高1%，会大致直接降低优化发展区的农业用水量0.19%，也会通过降低农业用水强度间接促使该区域农业用水量降低0.37%。

9.1.3 农业水回弹效应测度分析

本书借助回弹效应的定义，揭示灌溉技术进步在产生"直接"和"间接"农业节水作用的同时，亦可能出现节水阻力，表现出农业水"回弹效应"。基于SBM-Malmquist指数和LMDI模型，提取灌溉技术进步对农业经济增长和农业用水强度的贡献率，从而测算了我国30个省（区、市）1998~2016年年均农业水回弹效应的大小，揭示了地区间回弹效应的差异性，并从水资源禀赋和灌溉土地面积视角下挖掘回弹效应异质性的背后根源，从而探讨了"回弹效应"路径下灌溉技术进步对农业节水的影响程度。

我国30个省（区、市）测算结果显示，年均农业水回弹效应为70.3%，也就意味着由于灌溉技术进步导致预期节约的农业用水量中大约有70.3%的水资源会被农业经济扩张带来的农业用水回弹量所抵消，农业水回弹效应整体水平较高。由于"回弹效应"的存在使得灌溉技术进步对农业用水的"直接"和"间接"节水效果大打折扣，技术进步并不能实现预期的节水成效。

区域间测算结果显示，农业水回弹效应的地区间差异性较大，西南地区回弹效应最高为105.5%，西北地区回弹效应最低为57.9%，而东北地区（76.8%）、黄河流域（59.0%）、长江流域（65.8%）和东部沿海（72.9%）的回弹效应则位居其中；另外，同一区域内的各省份间的回弹效应也呈现出显著不同。

地区间回弹效应差异性根源分析结果显示，水资源禀赋和灌溉土地面积对农业水回弹效应影响较大。如果人均水资源量逐渐增加，当地区的农业用水需求慢慢得到满足后，农业水回弹效应将会随之变小，即水资源禀赋和农业用水回弹效应呈现出负相关；灌溉土地面积与农业水回弹效应呈现“U”形关系，相对于灌溉土地面积较大地区，灌溉土地受限制且面积较小的地区将面临更大的农业水回弹效应，政府在制定农业节水政策时需要综合考虑这些因素。

9.1.4　“回弹效应”视角下农业节水的调节对策分析

本书基于扩展IPAT模型，从技术和管理两个层面上分析R&D资金投入、教育技术培训、政府财政支持这三类宏观农业政策对农业节水的调节作用，以及农业水价、水权交易这两类市场调控型水政策对农业节水的调节作用。通过构建核心变量和农业灌溉技术交乘项，检验调节作用是否存在以及其在全国和地区间差异性。

技术层面上的全国数据估计结果显示，R&D资金投入和政府财政支持会对技术进步产生积极的农业节水调节作用，而且政府财政支持的调节效应要高于R&D资金投入，而教育技术培训目前并未产生积极的调节作用。

技术层面上的分区域估计结果显示，R&D资金投入、教育技术培训和政府财政支持对低技术区域均未产生预期的节水调节作用；高技术区域下，政府财政支持和R&D资金投入则产生了预期的节水调节作用，调节系数分别为－0.0097和－0.0017。对于适度保护区和优化发展区而言，R&D资金投入和政府财政支持在两类区域均产生了积极的节水作用，但调节效果存在地区差异性，R&D资金投入对适度保护区和优化发展区的调节系数分别为－0.0011和－0.0005，而政府财政支持对两个区域的调节系数则分别为－0.004和－0.0134。

“农业水价”调节模型的估计结果显示，目前实行的农业水价不论从全国视角上，还是分区域视角上来看，均不能对农业节水起到显著的调节作用。而且基于每亩灌溉费的价格加成，依次回归的结果，亦不显著，说明目前的农业水价并不能很好地体现农业水资源的使用价值，因此暂时对农业节水起不到预期的调节作用。

"水权交易"调节模型的估计结果显示，相对于非试点地区，水权交易试点地区会产生积极的农业节水调节作用。调节效应会受到农户的节水意愿（利益驱使）和工业用水压力的双重影响，且后者驱动效应更大。在工业用水量过大和水资源供给不足驱动下，即便没有水权交易收入的利益驱使，农户也会积极提高灌溉技术，节水农业用水，促使水权交易。估计结果也揭示了，随着灌溉技术水平的提高，农业水权供给能力不足会一定程度上导致水权交易的调节效应减弱，从而产生提升瓶颈问题。

9.1.5 水权交易机制对地区和农业节水效应的实证检验

本书利用1998～2017年我国30个省（区、市）面板数据，使用渐进DID模型估计了水权交易机制对地区和农业用水总量的影响及其作用路径。研究发现，相对于非试点区，水权交易会显著促进试点地区和农业用水总量降低，平均节水效应为3.1%，且一系列稳健性检验结果均表明这一促进效应显著存在。水权交易促进作用主要是通过提高用水效率和调整用水结构的方式来实现，即通过促使水资源从农业部门转移到生活和工业部门的结构调整方式，提高了全社会用水效率，从而实现地区节水。通过地区异质性分析发现，由于受到水资源需求较大而供给不足造成的用水压力驱使，相比压力小的地区，水权交易会更显著地促使压力较大地区用水总量的下降；而从地区可交易水量来看，水权交易仅在可交易水量较大地区发挥节水作用，可交易水量不足地区由于无法提供交易的基础保障，从而不能发挥出节水效果。

9.2 政策建议

9.2.1 加大R&D资金投入和政府财政支持等资金投入力度，保障农业技术创新的顺利进行

本书验证了政府财政支持和研发资金投入将对全国和各区域的农业节水产生积极的促进作用，这说明不论是对农村生活进行补贴、还是对农田水利基础设施进一步建设和维护，或是对农业技术研发进行资金投入，只要资本持续稳定地进入农村和农业生产领域，就会稳步提高农业灌溉技术水平。因此在目前推行“提高农业灌溉技术水平”的政策背景下，全国范围内继续对农业进行财政支持和研发资金投入，是十分必要的，也是灌溉技术政策起到显著成效的有力保障。而且从区域资金投入导向来看，R&D资金投入更适合于多向适度保护发展区倾斜，而政府财政支出则可以考虑更多地投向优化发展区，这样能使资金投入产生更大的节水效应。

具体来说，应该在国家层面通过市场机制与行政管理相结合的形式改善农业科技创新环境，加强知识产权保护，提高自主研发的积极性；通过引进外资，加大对农业领域研发资金的投入，保障农业技术研发部门能获取的较为持续稳定的融资渠道，从而保障农业灌溉技术创新的顺利有序进行，实现预期的节水效果。

9.2.2 全国范围内推进水权交易试点，并积极颁布相关政策文件指导市场化机制的合理运行

考虑到水权交易市场化机制的建立，会对农业节水起到积极的调

节作用，因此政府可以全国范围内全面推行水权交易试点，并持续颁布一系列相关的政策文件法规指导其市场化机制的合理运行。例如，在华北地下水超采治理中，推广河北成安政府回购农业用水户节余水权模式，引导农业用水户主动改变用水方式，节约灌溉用水，平衡生产与生态。以南水北调工程沿线、永定河流域、黄河上中游为重点，进一步扩大交易规模等。

另外，借鉴其他权益类交易平台建设经验，制定水权交易平台发展规划，完善水权交易规则，促使水权交易平台实现体系完善、制度规范、系统安全的良性运作。

最后，国家在政策制定和执行过程中应保持其导向和执行力的连续性，以避免出现政策"脱节"，这就需要建立健全完善的执行、监督体系，保持政策文件的长期有效性，同时加强政策文件的宣传工作，提高农民、群众和部门参与水权交易的积极性，从而实现农业节水的目标。

9.2.3 区别对待不同区域，实行差别化农业节水政策

前面的实证结果表明，不同地区的农业灌溉技术水平存在显著的差异性，由于经济发展、资源禀赋、气候条件和政府扶持力度等各方面均存在较大的地区异质性，使农业灌溉技术水平呈现出不同的增长态势和演变规律，而且造成农业用水无效率的原因也各有不同。因此，有必要结合不同地区经济社会发展情况和自然地理条件特征，因地制宜地制定、实施差别化的农业节水政策，从而缩小省际间农业用水效率差异性，实现区域间水资源利用的均衡发展。

首先，考虑到水资源禀赋和农作物种植结构与农业水"回弹效应"的关联性，对于人均水资源量贫瘠和农业生产条件适合多种农作物播种的地区而言，由于其"回弹效应"较高，因此政府需要重点关注这类地区，通过水资源量的合适补给和农户播种行为的教育宣

传，积极遏制农业水“回弹效应”。

其次，依据政府目前可持续发展规划下分类施策的划分标准，需要对适度保护区和优化发展区制定区别化农业节水政策，考虑到优化发展区一直以来获得较多的政府财政支持和更高的资源要素投入，其灌溉用水效率水平好于适度保护区；而适度保护区则由于地理条件受限，农业生产设施建设相对薄弱，从而导致其农业节水技术进步水平较弱，因此政府目前需要着重关注适度保护区的农业用水问题，依据其区域内各省区的自然地理条件，制定合理有效的农业节水政策，例如，在资金投入方面，相比政府农林水事务财政支出，适度保护区则更适合于研发资金投入。

最后，在制定区域的差别化农业节水政策时，同样需要考虑技术水平的区域差异性，比如就低技术区域而言，鉴于资金投入类和教育培训类方案均未能起到积极调节作用，因此在该区域应尤其加大“水权交易”市场化机制的建立和运行，在促使技术水平提高的基础上，实现各区域农业均衡节水的目标。

9.2.4 合理确定农业用水价格形成机制，使其发挥应有的节水调节作用

本书实证结果显示，目前的农业水价并不能很好地体现农业水资源的使用价值，因此合理确定农业用水定价基准及其价格形成机制，使其发挥应有的调节作用是目前实行农业水价改革至关重要的事情。为了确保水价市场化机制的合理运行，政府应继续加大改革力度，在全国范围内全面启动农业水价改革和水资源费改税试点，推行农业用水计量收费，实行农业用水定额管理和超定额累进加价制度，在用水量变化较大的地区实行两部制水价，依据季节变化实行丰、枯季节阶梯水价，并通过建立农业用水精准补贴机制和节水奖励机制，激励农民主动节水，深化农民节水意识，从而遏制不合理用水现象，实现农

业长效节水的目标。

9.2.5 优化农村劳动力结构，提高农民受教育水平

本书验证了农民受教育水平对农业节水并不存在显著的调节作用，考虑到目前全国平均农村劳动力受教育水平仅约为7.16年，大致相当于初中一年级的受教育程度，而且我国从事农业生产的劳动力人口存在老龄化、知识储备较低的状况，受教育程度较低、劳动力结构不合理均不利于农业用水效率提高，从而抑制农业用水量的降低。

因此，政府一方面要利用优厚政策吸引和引导中青年劳动力从事农业劳动，优化农村劳动力结构；另一方面，在农业生产领域积极开展技术教育培训工作，提高现有劳动力对农业现代化技术的掌握程度，通过优化劳动力结构，武装其知识技术储备，实现现代化节水农业建设。

9.3 研究展望

本研究基于现有文献梳理，对灌溉技术进步指标进行了测度，并基于测度结果从理论分析和实证检验角度研究了灌溉技术进步对农业节水的“直接效应”“间接效应”和“回弹效应”影响路径，从而在技术和管理两层面上分别剖析了R&D资金投入、教育技术培训、政府财政支持这三类宏观农业政策和农业水价、水权交易这两类市场调控型水政策对农业节水的调节作用，这对于实现农业可持续发展、建设节水型社会均具有重要的理论和现实意义。但限于本人研究能力、研究视野和研究水平的局限性，本研究仍然只是在灌溉技术进步对农业节水影响分析方面做了初步尝试性研究，在今后的研究和实践中，笔者将从以下方面继续开展研究并进行探索。

9.3.1 农业灌溉技术指标测度结果的稳健性检验

农业灌溉技术指标是本书的核心概念之一，考虑到地区间技术异质性，本书构建了共同前沿 SBM 模型测度农业灌溉用水效率指标表征灌溉技术水平，但该方法存在一些不足之处。首先，共同前沿下效率测度依赖于组别的划分，组别划分不同可能导致结果有差异，使得测度结果不稳健；其次，SBM 模型虽然很好的考虑到松弛改变量，但其目标函数是基于被评价决策单元的投影点是前沿上距离最远的点来进行设定，这与最短距离的要求相背，可能导致不合理结果。因此本书尝试着用其余 DEA 方法重新进行了测度，但测度结果并不能很好地体现效率结果的稳健性，考虑到 DEA 方法一直在不断创新，笔者拟在该指标测度方法上继续研究，从而确保指标测度结果的稳健性。

9.3.2 如何对农业水价进行基础定价以及如何确定水价的阶梯定价模式

本书研究了农业水价在管理层面上对农业节水的调节作用，结果显示目前实行的农业水价并不能很好地体现农业水资源的使用价值，使其对农业节水起不到预期的调节作用。考虑到目前我国农业水价较低、供水成本偏高，农业水价的市场化机制并没有充分发挥出其节水效果的背景下，作者拟在下一阶段展开农业水价形成机制的相关研究，具体可包括：如何合理界定政府、用水户分担的农业供水成本；如何在考虑农民承担供水成本的基础上，结合地区自然、经济发展现状，对不同供水方式和作物经济属性确定不同的水价标准，以及如何实行超额加价、季节性浮动水价等阶梯定价模式等相关研究。

附　录

附表　2000～2017年水权交易实施具体事件（按照三种类型划分）

区域水权交易	取水权交易	灌溉用水户水权交易
（1）2000年，浙江省东阳市和义乌市签订了有偿转让用水权的协议，义乌市以2亿元价格向东阳市购买横锦水库5 000立方米水资源的永久使用权；（2）2003年，浙江省大岩坑水电站每年从交溪流域上游支流引水2 622万立方米，化解了浙江省和福建省的省际水事矛盾；（3）2014年，水利部选择7个省区开展水权确权及其试点工作；（4）2014年，福建省泉州市支付1 926万元给永泰县，获得每年从闽江大樟溪跨流域调水4.4亿立方米入晋江的权限；（5）2016年，永定河上游河北省张家口市友谊水库、响水堡水库和山西大同册田水库转让水权给北京市官厅水库；河北省云州水库与北京市白河堡水库区域水权交易；（6）2016年，南水北调中线河南平顶山与新密区域水权交易；（7）2017年，广东省东江流域内广州市、深圳市、惠州市、河源区域水权交易；（8）2017年，河南省南阳与新郑区域水权交易	（1）2003年，宁夏回族自治区和内蒙古自治区进行了以水权转换为代表的取水权交易；（2）2006年，福建核电公司通过购买北林水库永久使用权解决了用水短缺的问题；（3）2014年，水利部选择7个省区开展水权确权及其试点工作；（4）2014年，新疆维吾尔自治区玛纳斯县塔西河灌区的农业节水量通过供水工程输送给工业园区企业；（5）2016年，内蒙古荣信化工等5家企业与内蒙古收储转让中心取水权交易；（6）2016年，宁夏京能中宁电厂与中宁国有资本运营公司取水权交易；（7）2016年，山西中设华晋铸造有限公司与运城淮泉灌区取水权交易；（8）2017年，内蒙古自治区河套灌区管理总局与美力坚科技化工等14家工业企业取水权交易	（1）2002年，甘肃张掖市以定额水票形式进行水权交易；（2）2014年，水利部选择7个省区开展水权确权及其试点工作；（3）2016年，河北成安县水利局与南甘罗村等4家农民用水协会水权交易；（4）2017年，宁夏回族自治区金银滩镇兴民水利协会与吴忠市月映山农作物种植专业合作社；利通区扁担沟扬水站与宁夏杞爱原生黑果枸杞公司、五里坡生态移民区与万亩开发区农民用水者协会；太子渠管理所与权瑞福生态养殖公司交易；（5）2017年，新疆维吾尔自治区呼图壁县五工台镇龙王庙村与乱山子村、中渠村水权交易

注：2014年，国家设定了7个省份作为试点地区，其涵盖了水权交易的三种类型，因此在表格中每列均呈现出这一信息。

资料来源：笔者整理。

参考文献

[1] 曹希，李铮. 以农业水价改革为契机探索灌溉节水经验[J]. 水利发展研究，2014，14（10）：41－43.

[2] 陈诗一. 能源消耗、二氧化碳排放与中国工业的可持续发展[J]. 经济研究，2009（4）：41－55.

[3] 陈颖，李强. 索罗余值法测算科技进步贡献率的局限与改进[J]. 科学学研究，2006，24（a02）：414－420.

[4] 陈仲常，彭湘君，张青. FDI与R&D推动我国技术进步的实证经济学分析[J]. 山西财经大学学报，2008，30（3）：28－34.

[5] 成振华，刘淑萍，孙占潮，等. 天津市农用地膜残留状况调查及影响因素分析[J]. 农业环境与发展，2011，28（2）：90－94.

[6] 董锋，谭清美，周德群，等. 技术进步、产业结构和对外开放程度对中国能源消费量的影响——基于灰色关联分析－协整检验两步法的实证[J]. 中国人口·资源与环境，2010，118（6）：22－27.

[7] 封志明，郑海霞，刘宝勤. 基于遗传投影寻踪模型的农业水资源利用效率综合评价[J]. 农业工程学报，2005，21（3）：66－70.

[8] 付实. 美国水权制度和水权金融特点总结及对我国的借鉴[J]. 西南金融，2016（11）：72－76.

[9] 耿献辉，张晓恒，宋玉兰. 农业灌溉用水效率及其影响因

素实证分析——基于随机前沿生产函数和新疆棉农调研数据 [J]. 自然资源学报, 2014, 29 (6): 934-943.

[10] 郭峰, 熊瑞祥. 地方金融机构与地区经济增长——来自城商行设立的准自然实验 [J]. 经济学 (季刊), 2017, 17 (1): 221-246.

[11] 郭军华, 李帮义. 区域农业全要素生产率测算及其收敛分析 [J]. 系统工程, 2009, 27 (12): 31-37.

[12] 郭托平. 当前农业水价改革中存在的问题与对策 [J]. 现代农业, 2014 (5): 76-78.

[13] 韩洪云. 农业水权转移的条件——基于甘肃、内蒙典型灌区的实证研究 [J]. 中国人口·资源与环境, 2010, 20 (3): 100-106.

[14] 何小钢, 张耀辉. 技术进步、节能减排与发展方式转型——基于中国工业36个行业的实证考察 [J]. 数量经济技术经济研究, 2012 (3): 19-33.

[15] 洪丽璇, 梁进社, 蔡建明, 等. 中国地级以上城市工业能源消费的增长——基于2001—2006年的数据分解 [J]. 地理研究, 2011, 30 (1): 83-93.

[16] 户艳领, 陈志国, 刘振国, 等. 基于熵值法的河北省农业用水利用效率研究 [J]. 中国农业资源与区划, 2015, 36 (3): 136-142.

[17] 贾绍凤, 康德勇. 提高水价对水资源需求的影响分析——以华北地区为例 [J]. 水科学进展, 2000, 11 (1): 49-53.

[18] 贾绍凤, 张士锋, 杨红, 等. 工业用水与经济发展的关系——用水库兹涅茨曲线 [J]. 自然资源学报, 2004, 19 (3): 279-284.

[19] 江孝绰, 李瑞琴. 土壤及作物中农药残留量所揭示的问题 [J]. 环境科学研究, 1993 (5): 6-10.

[20] 姜磊, 季民河. 基于SPRIPAT模型的上海市能源消费影响

因素研究［J］. 上海环境科学，2011（12）：35－48.

［21］金培振，张亚斌，彭星．技术进步在二氧化碳减排中的双刃效应——基于中国工业35个行业的经验证据［J］. 科学学研究，2014，32（5）：706－716.

［22］金巍，刘双双，张可，等．农业生产效率对农业用水量的影响［J］. 自然资源学报，2018，33（8）：38－51.

［23］郎春雷．基于技术创新不同投入产出指标的中国能源消费影响因素的实证研究［J］. 科技管理研究，2012，32（17）：60－67.

［24］李国志，李宗植．人口、经济和技术对二氧化碳排放的影响分析——基于动态面板模型［J］. 人口研究，2010，34（3）：32－39.

［25］李静，徐德钰．中国农业的用水效率及其影响因素——基于MinDW模型的分析［J］. 环境经济研究，2018，3（3）：62－80.

［26］李凯杰，曲如晓．技术进步对中国碳排放的影响——基于向量误差修正模型的实证研究［J］. 中国软科学，2012（6）：51－58.

［27］李青，陈红梅，王雅鹏．基于面板VAR模型的新疆农业用水与农业经济增长的互动效应研究［J］. 资源科学，2014，36（8）.

［28］李沙沙，牛莉．技术进步对二氧化碳排放的影响分析——基于静态和动态面板数据模型［J］. 经济与管理研究，2014（10）：19－26.

［29］李绍飞．改进的模糊物元模型在灌区农业用水效率评价中的应用［J］. 干旱区资源与环境，2011，25（11）：175－181.

［30］李世祥，成金华，吴巧生．中国水资源利用效率区域差异分析［J］. 中国人口·资源与环境，2008，18（3）.

［31］李伊莎，刘平，塔娜．浅谈鄂尔多斯市农业水价综合改革遇到的问题［J］. 内蒙古水利，2015（6）：153－154.

[32] 梁静溪，张安康，李彩凤．基于权重约束 DEA 和 Tobit 模型农业灌溉用水效率实证研究——以黑龙江省为例［J］．节水灌溉，2018（4）：62－68.

[33] 廖永松．灌溉水价改革对灌溉用水、粮食生产和农民收入的影响分析［J］．中国农村经济，2009（1）：39－48.

[34] 刘峰，段艳，马妍．典型区域水权交易水市场案例研究［J］．水利经济，2016，34（1）：23－27.

[35] 刘静，陆秋臻，罗良国．"一提一补"水价改革节水效果研究［J］．农业技术经济，2018（4）：126－135.

[36] 刘静．农村小型灌溉管理体制改革研究［M］．北京：中国农业科学技术出版社，2012.

[37] 刘双双，韩凤鸣，蔡安宁，等．区域差异下农业用水效率对农业用水量的影响［J］．长江流域资源与环境，2017，26（12）：2099－2110.

[38] 刘燕妮，任保平，高鹏．中国农业发展方式的评价［J］．经济理论与经济管理，2012（3）：100－107.

[39] 刘一明，罗必良．可交易的水权安排对农户灌溉用水行为的影响——基于农户行为模型的理论分析［J］．数学的实践与认识，2014，44（5）：7－14.

[40] 刘莹，黄季焜，王金霞．水价政策对灌溉用水及种植收入的影响［J］．经济学（季刊），2015，14（4）：1375－1392.

[41] 刘渝．湖北省农业水资源利用效率评价［J］．中国人口·资源与环境，2007，17（6）：60－65.

[42] 毛春梅．农业水价改革与节水效果的关系分析［J］．中国农村水利水电，2005（4）：2－4.

[43] 聂锐，王迪．中国能源消费的 CO_2 排放变动及其驱动因素分析［J］．中国矿业大学学报（社会科学版），2011（1）：73－78.

[44] 牛坤玉，吴健．农业灌溉水价对农户用水量影响的经济分

析［J］．中国人口·资源与环境，2010，20（9）：59－64.

［45］裴源生，方玲，罗琳．黄河流域农业需水价格弹性研究［J］．资源科学，2003，25（6）：25－30.

［46］钱龙霞，张韧，王红瑞，等．基于Mep和Dea的水资源短缺风险损失模型及其应用［J］．水利学报．2015（10）：1199－1206.

［47］秦旭东．技术进步对陕西省能源消费影响的研究［D］．西安：西安科技大学，2006.

［48］屈晓娟，方兰．西部地区农业用水效率实证分析［J］．统计与决策，2017（11）：97－100.

［49］任胜钢，郑晶晶，刘东华，等．排污权交易机制是否提高了企业全要素生产率——来自中国上市公司的证据［J］．中国工业经济，2019（5）：5－23.

［50］沈坤荣，金刚．中国地方政府环境治理的政策效应——基于“河长制”演进的研究［J］．中国社会科学，2018（5）：92－115.

［51］石大千，丁海，卫平，等．智慧城市建设能否降低环境污染［J］．中国工业经济，2018（6）：117－135.

［52］孙建．中国技术创新碳减排效应研究——基于内生结构突变模型的分析［J］．统计与信息论坛，2015，173（2）：23－27.

［53］田贵良，胡雨灿．市场导向下大宗水权交易的差别化定价模型［J］．资源科学，2019，41（2）：313－325.

［54］佟金萍，马剑锋，王慧敏，等．中国农业全要素用水效率及其影响因素分析［J］．经济问题，2014（6）：101－106.

［55］佟金萍，马剑锋，王圣，等．长江流域农业用水效率研究：基于超效率DEA和Tobit模型［J］．长江流域资源与环境，2015，24（4）：603－608.

［56］王班班，齐绍洲．有偏技术进步、要素替代与中国工业能源强度［J］．经济研究，2014（2）：115－127.

［57］王宝义，张卫国．中国农业生态效率测度及时空差异研究

[J]. 中国人口·资源与环境，2016，26（6）：11-19.

[58] 王兵，杜敏哲．低碳技术下边际减排成本与工业经济的双赢[J]. 南方经济，2015，33（2）：17-36.

[59] 王留军，徐晓萍．经济学视角下我国农用水权向非农化转移的思路[J]. 节水灌溉，2014（5）：76-78.

[60] 王群伟，周鹏，周德群．我国二氧化碳排放绩效的动态变化、区域差异及影响因素[J]. 中国工业经济，2010（1）：45-54.

[61] 王小鲁，樊纲，刘鹏．中国经济增长方式转换和增长可持续性[J]. 经济研究，2009（1）：44-47.

[62] 王晓娟，李周．灌溉用水效率及影响因素分析[J]. 中国农村经济，2005（7）：11-17.

[63] 王晓君，石敏俊，王磊．干旱缺水地区缓解水危机的途径：水资源需求管理的政策效应[J]. 自然资源学报，2013（7）：1117-1129.

[64] 王学渊．农业水资源生产配置效率研究[M]. 北京：经济科学出版社，2009.

[65] 王学渊，赵连阁．中国农业用水效率及影响因素——基于1997—2006年省区面板数据的SFA分析[J]. 农业经济问题，2008，29（3）：10-18.

[66] 王亚华．关于我国水价、水权和水市场改革的评论[J]. 中国人口·资源与环境，2017（5）：153-158.

[67] 王亚华．中国用水户协会改革：政策执行视角的审视[J]. 管理世界，2013（6）：61-71，98.

[68] 魏玲玲，李万明．新疆农业用水效率及影响因素分析[J]. 新疆大学学报（哲学·人文社会科学版），2014，42（1）：7-10.

[69] 徐成龙，程钰．新常态下山东省环境规制对工业结构调整及其大气环境效应研究[J]. 自然资源学报，2016，31（10）：1662-1674.

[70] 许朗，黄莺．农业灌溉用水效率及其影响因素分析——基于安徽省蒙城县的实地调查 [J]．资源科学，2012，34 (1)：105 – 113.

[71] 薛亮，郝卫平．加强科技创新提高农业用水生产力 [J]．农业经济问题，2012 (5)：4 – 7.

[72] 严予若，万晓莉，伍骏骞，等．美国的水权体系：原则、调适及中国借鉴 [J]．中国人口·资源与环境，2017，27 (6)：101 – 109.

[73] 杨骞，武荣伟，王弘儒．中国农业用水效率的分布格局与空间交互影响：1998—2013 年 [J]．数量经济技术经济研究，2017 (2)：72 – 88.

[74] 杨文光，朱美玲．农业用水水权交易发展研究及展望——以新疆昌吉州为例 [J]．农业展望，2018 (7)：34 – 37.

[75] 杨扬，蒋书彬．基于 DEA 和 Malmquist 指数的我国农业灌溉用水效率评价 [J]．生态经济（中文版），2016，32 (5)：147 – 151.

[76] 姚西龙．技术进步、结构变动与制造业的二氧化碳排放强度 [J]．暨南学报（哲学社会科学版），2013，35 (3)：59 – 65.

[77] 张兵兵，徐康宁．技术进步与 CO_2 排放：基于跨国面板数据的经验分析 [J]．中国人口·资源与环境，2013，23 (9)：28 – 33.

[78] 张陈俊，章恒全，陈其勇，等．中国用水量变化的影响因素分析——基于 LMDI 方法 [J]．资源科学，2016，38 (7)：1308 – 1322.

[79] 张陈俊，章恒全，龚雅云．中国结构升级、技术进步与水资源消耗——基于改进的 LMDI 方法 [J]．资源科学，2014，36 (10)：1993 – 2002.

[80] 张海洋．R&D 两面性、外资活动与中国工业生产率增长 [J]．经济研究，2005 (5)：107 – 117.

[81] 张建斌．水权交易的经济正效应：理论分析与实践验证[J]．农村经济，2014（3）：107－111.

[82] 张建清，龚恩泽，孙元元．长江经济带环境规制与制造业全要素生产率[J]．科学学研究，2019，37（9）：1558－1569.

[83] 张明慧，李永峰．技术进步与我国能源消费关系研究[J]．山西财经大学学报，2005，27（2）：91－98.

[84] 张雄化，钟若愚．灌溉水资源效率、空间溢出与影响因素[J]．华南农业大学学报（社会科学版），2015（4）：20－28.

[85] 赵姜，孟鹤，龚晶．京津冀地区农业全要素用水效率及影响因素分析[J]．中国农业大学学报，2017，22（3）：76－84.

[86] 赵连阁，王学渊．农户灌溉用水的效率差异——基于甘肃、内蒙古两个典型灌区实地调查的比较分析[J]．农业经济问题，2010（3）：71－78.

[87] 赵卫华．居民家庭用水量影响因素的实证分析——基于北京市居民用水行为的调查数据考察[J]．干旱区资源与环境，2015（4）：137－142.

[88] 赵永，窦身堂，赖瑞勋．基于静态多区域CGE模型的黄河流域灌溉水价研究[J]．自然资源学报，2015（3）：433－445.

[89] 周春应，章仁俊．农业需水价格弹性分析模型[J]．节水灌溉，2005（6）：24－26.

[90] 朱兆良．农田中氮肥的损失与对策[J]．土壤与环境，2000，9（1）：1－6.

[91] Acemoglu D, Aghion P, Bursztyn L, et al. The Environment and Directed Technical Change [J]. Social Science Electronic Publishing, 2010, 102 (1): 131－166.

[92] Ang J B. CO_2 Emissions, Research and Technology Transfer in China [J]. Ecological Economics, 2009, 68 (10): 2658－2665.

[93] Barro R J, Lee J W. International Comparisons of Dducational

Attainment [J]. Nber Working Papers, 1993, 32 (3): 363 - 394.

[94] Bate R. 2002. Water-can Property Rights and Markets Replace Conflict? [M]. In: Morris, J. (Ed.), Sustainable Development: Promoting Progress or Perpetuating Poverty? Profile Books, London, 2002.

[95] Battese G E, Coelli T J. A Model for Technical Inefficiency Effects in a Stochastic Frontier Production Function for Panel Data [J]. Empirical Economics, 1995, 20 (2): 325 - 332.

[96] Battese G E, D P Rao. Technology Gap, Efficiency, and a Stochastic Metafrontier Function [J]. International Journal of Business Economics, 2002 (1): 87 - 93.

[97] Battese G E, Rao D S P, O'Donnell C J. A Metafrontier Production Function for Estimation of Technical Efficiencies and Technology Gaps for Firms Operating under Different Technologies [J]. Journal of Productivity Analysis, 2004 (21): 91 - 103.

[98] Beck T, Levine R, Levkov A. Big Bad Banks? The Winners and Losers from Bank Deregulation in the United States [J]. The Journal of Finance, 2010, 65 (5): 1637 - 1667.

[99] Belaïd, Fateh, Bakaloglou, Salomé, Roubaud, David. Direct Rebound Effect of Residential Gas Demand: Empirical Evidence from France [J]. Energy Policy, 2018 (115): 23 - 31.

[100] Berbel J, Gutiérrez-Martín C, Rodríguez-Díaz J A, et al. Literature Review on Rebound Effect of Water Saving Measures and Analysis of A Spanish Case Study [J]. Water Resources Management, 2015 (29): 663 - 678.

[101] Berbel J, Mateos L. Does Investment in Irrigation Technology Necessarily Generate Rebound Effects? A Simulation Analysis Based on An Agro-economic Model [J]. Agricultural Systems, 2014 (128): 25 - 34.

[102] Berkhout P H G, Muskens J C, Velthuijsen J W. Defining the

Rebound Effect [J]. Energy Policy, 2000 (28): 425 - 432.

[103] Bosetti V, Tavoni M. Uncertain R&D, Backstop Technology and GHGs Stabilization [J]. Energy Economics, 2007 (31): S18 - S26.

[104] Boyd G A. Estimating Plant Level Energy Efficiency with a Stochastic Frontier [J]. Energy Journal, 2008, 29 (2): 23 - 43.

[105] Broberg T, Berg C, Samakovlis E. The Economy-wide Rebound Effect from Improved Energy Efficiency in Swedish Industries-A general Equilibrium Analysis [J]. Energy Policy, 2005 (83): 26 - 37.

[106] Brookes L. Energy Efficiency Fallacies Revisited [J]. Energy Policy, 2000 (28): 355 - 366.

[107] Brookes, L. The Greenhouse Effect: The Fallacies in The Energy Efficiency Solution [J]. Energy Policy, 1990 (18): 199 - 201.

[108] Calatrava J, Garrido A. Modelling Water Markets under Uncertain Water Supply [J]. European Review of Agricultural Economics, 2005, 32 (2): 119 - 142.

[109] Chen S, Wang Y, Zhu T. Exploring China's Farmer-Level Water-Saving Mechanisms: Analysis of an Experiment Conducted in Taocheng District, Hebei Province [J]. Water, 2014, 6 (3): 547 - 563.

[110] Chiu C R, Liou J L, Wu P I, et al. Decomposition of the Environment Inefficiency of the Meta-frontier with Undesirable Output [J]. Energy Economics, 2012, 34 (5): 1392 - 1399.

[111] Chung Y H, R Färe, S Grosskopf. Productivity and Undesirable Outputs: A Directional Distance Function Approach [J]. Journal of Environmental Management, 1997 (51): 229 - 240.

[112] Cooper W W, J T Pastor, F Borras. BAM: A Bounded Adjusted Measure of Efficiency for Use with Bounded Additive Models [J]. Journal of Productivity Analysis, 2011, 35 (2): 85 - 94.

[113] Davidson B, Hellegers P. Estimating the Own-price Elasticity

of Demand for Irrigation Water in the Musi Catchment of India [J]. Journal of Hydrology (Amsterdam), 2011, 408 (3-4): 226-234.

[114] Delorit J D, Parker D P, Block P J. An Agro-economic Approach to Framing Perennial Farm-scale Water Resources Demand Management for Water Rights Markets [J]. Agricultural Water Management, 2019 (218): 68-81.

[115] Dinar A, Tsur Y. Efficiency and Equity Considerations in Pricing and Allocating Irrigation Water [J]. Social Science Electronic Publishing, 1995 (5): 48.

[116] Ehrlich P R, Holdren J P. Impact of Population Growth. [J]. Science, 1971, 171 (3977): 1212-1217.

[117] Fang L, Zhang L. Does the Trading of Water Rights Encourage Technology Improvement and Agricultural Water Conservation? [J]. Agricultural Water Management, 2020 (233): 106097.

[118] Feike T, Henseler M. Multiple Policy Instruments for Sustainable Water Management in Crop Production-A Modeling Study for the Chinese Aksu-Tarim Region [J]. Ecological Economics, 2017 (135): 42-54.

[119] Frank A, Ward J, Philip King. Economic Incentives for Agriculture Can Promote Water Conservation [M]. Proceedings of the New Mexico State University Water Conservation Conference, 1997.

[120] Freire Gonzalez J. Empirical Evidence of Direct Rebound Effect in Catalonia [J]. Energy Policy, 2010 (38): 2309-2314.

[121] Färe R, Grosskopf S, Norris M, et al. Productivity Growth, Technical Progress, and Efficiency Change in Industrialized Countries [J]. American Economic Review, 1994 (84): 66-83.

[122] Färe R, S Grosskopf. Directional Distance Functions and Slacks-based Measures of Efficiency [J]. European Journal of Operational

Research, 2010 (200): 320 -322.

[123] Gómez C M, Pérez-Blanco C D. Simple Myths and Basic Maths about Greening Irrigation [J]. Water Resources Management, 2014 (28): 4035 -4044.

[124] Gohar A A, Ward F A. Gains from Expanded Irrigation Water Trading in Egypt: An Integrated Basin Approach [J]. Ecological Economics, 2010, 69 (12): 2535 -2548.

[125] Gomez-Limon J A, Riesgo L. Water Pricing: Analysis of Differential Impacts on Heterogeneous Farmers [J]. Water Resources Research, 2004, 40 (7): 1 -12.

[126] Gomez-Limon J, Martinez Y. Multi-criteria Modelling of Irrigation Water Market at Basin Level: A Spanish Case Study [J]. European Journal of Operational Research, 2006, 173 (1): 313 -336.

[127] Graveline N, Majone B, Van Duinen R, et al. Hydro-economic Modeling of Water Scarcity Under Global Change: An Application to the Gállego River Basin (Spain) [J]. Regional Environmental Change, 2014 (14): 119 -132.

[128] Greening L A, Greene D L, Difiglio C. Energy Efficiency and Consumption The Rebound Effect-A Survey [J]. J. Energy Policy, 2000 (28): 389 -401.

[129] Gutierrez-Martin C, Gomez C M G. Assessing Irrigation Efficiency Improvements by Using A Preference Revelation Model [J]. Spanish Journal of Agricultural Research, 2011 (9): 1009 -1020.

[130] Hailu A, T S Veeman. Non-parametric Productivity Analysis with Undesirable Outputs: An Applicationto the Canadian Pulp and Paper Industry [J]. American Journal of Agricultural Economics, 2001 (83): 605 -616.

[131] Hanson D, Laitner J A. An Integrated Analysis of Policies that

Increase Investments in Advanced Energy-efficient/Low-carbon Technologies [J]. Energy Economics, 2004, 26 (4): 739 -755.

[132] Haynes K E, S Ratick, J Cummings-Saxton. Pollution Prevention Frontiers: A Data Envelopment Simulation [J]. Environmental Program Evaluation: A Primer, 1998: 270 -290.

[133] Heumesser C, Fuss S, Szolgayová J, et al. Investment in Irrigation Systems Under Precipitation Uncertainty [J]. Water Resource Management, 2012 (26): 3113 -3137.

[134] Huang Q, Huang J, Xia J, et al. Water Price Policy Analysis in China-an Experimental Approach [R]. Proposal to China's Ministry of Water Resources, 2007.

[135] Huang Q, Rozelle S, Howitt R, et al. Irrigation Water Demand and Implications for Water Pricing Policy in Rural China [J]. Environment and Development Economics, 2010, 15 (3): 293 -319.

[136] Hua Z, Y Bian, L Liang. Eco-efficiency Analysis of Paper Mills along the Huai River: An Extended DEA Approach [J]. Omega, 2007 (35): 578 -587.

[137] Hu J, Wang S, Yeh F. Total-factor Water Efficiency of Regions in China [J]. Resources Policy, 2006, 31 (4): 217 -230.

[138] Hu Y, Ren S, Wang Y, et al. Can Carbon Emission Trading Scheme Achieve Energy Conservation and Emission Reduction? Evidence from the Industrial Sector in China [J]. Energy Economics, 2020 (85): 104590.

[139] Hymel K M, Small K A, Van Dender K. Induced Demand and Rebound Effects in Road Transport [J]. Transportation Research Part B: Methodological, 2010 (44): 1220 -1241.

[140] Jaffe A B, Newell R G, Stavins R N. Environmental Policy and Technological Change [J]. Environmental and Resource Economics,

2002, 22 (1-2): 41-70.

[141] Jevons W S. The Coal Question, 2nd ed [M]. London: Macmillan, 1866.

[142] Johnson N, Revenga C, Echeverria J. Managing Water for People and Nature [J]. Science, 2001, 292 (5519): 1071-1082.

[143] Kahil M T, Connor J D, Albiac J. Efficient Water Management Policies for Irrigation Adaptation to Climate Change in Southern Europe [J]. Ecological Economics, 2015 (120): 226-233.

[144] Kaneko S, Tanaka K, Toyota T. Water Efficiency of Agricultural Production in China: Regional Comparison from 1999 to 2002 [J]. International Journal of Agricultural Resources, Governance and Ecology, 2004 (3): 231-251.

[145] Khazzoom J D. Economic Implications of Mandated Efficiency in Standards for Household Appliances [J]. Energy J, 1980 (1): 21-40.

[146] Kuehne G, Bjornlund H. Custodians or "Investors"-Classifying Irrigators in Australia's Namoi Valley [M]//Sustainable Irrigation, Management, Technologies and Policies. WIT Press, Southampton, 2006: 225-236.

[147] Lee J D, J B Park, T Y Kim. Estimation of the Shadow Prices of Pollutants with Production/Environment Inefficiency Taken into Account: A Nonparametric Directional Distance Function Approach [J]. Journal of Environmental Management, 2002 (64): 365-375.

[148] Li H, Zhao J. Rebound Effects of New Irrigation Technologies: The Role of Water Rights [J]. American Journal of Agricultural Economics, 2018 (100): 786-808.

[149] Linares P. Promoting Investment in Low-carbon Energy Technologies [J]. European Review of Energy Markets, 2009, 3 (1): 1-23.

[150] Lin B, K Du. Measuring Energy Efficiency under Heterogeneous Technologies Using a Latent Class Stochastic Frontier Approach: An Application to Chinese Energy Economy [J]. Energy, 2014 (76): 884 - 890.

[151] Lin B, K Du. Technology Gap and China's Regional Energy Efficiency: A Parametric Metafrontier Approach [J]. Energy Economics, 2013 (40): 529 - 536.

[152] Lin Boqiang, Chen Yufang, Zhang Guoliang. Technological Progress and Rebound Effect in China's Nonferrous Metals Industry: An Empirical Study [J]. Energy Policy, 2017 (109): 520 - 529.

[153] Lin Boqiang, Liu X. Dilemma between Economic Development and Energy Conservation: Energy Rebound Effect in China [J]. Energy, 2012 (45): 867 - 873.

[154] Lin Boqiang, Tian P. The Energy Rebound Effect in China's Light Industries: A Translog Cost Function Approach [J]. Journal of Cleaner Production, 2016 (112): 2793 - 2801.

[155] Lin Boqiang, Zhao H L. Technological Progress and Energy Rebound Effect in China's Textile Industry: Evidence and Policy Implications [J]. Renewable and Sustainable Energy Reviews, 2016 (60): 173 - 181.

[156] Liu Yu, Huang Ji kun, Wang Jin xia, et al. Determinants of Agricultural Water Saving Technology Adoption: An Empirical Study of 10 Provinces of China [J]. Ecol. Econ. , 2008, 4 (4): 462 - 472.

[157] Mamitimin, Feike, Seifert T, et al. Bayesian Network Modeling to Improve Water Pricing Practices in NW China [J]. Water, 2015 (7): 5617 - 5637.

[158] Manne A, Richels R. The Impact of Learning-by-doing on the Timing and Costs of CO_2 Abatement [J]. Energy Economics, 2004, 26 (4): 603 - 619.

[159] Moghaddasi R, Bakhshi A, Kakhki M D. Analyzing the Effects of Water and Agriculture Policy Strategies: An Iranian Experience [J]. American Journal of Agricultural&Biological Science, 2009, 187 (4): e632.

[160] Moore R Michael, Noel R. Gollehon and Carey, Marc B.: Multicrop Production Decisions in Western Irrigated Agriculture: The Role of Water Price [J]. American Journal of Agricultural Economics, 1994, 76 (4): 859 -874.

[161] O'Donnell C J, D P Rao, G E Battese. Metafrontier Frameworks for the Study of Firm-level Efficienciesand Technology Ratios [J]. Empirical Economics, 2008 (34): 231 -255.

[162] Popp D. ENTICE: Endogenous Technological Change in the DICE Model of Global Warming [J]. Journal of Environmental Economics & Management, 2004, 48 (1): 742 -768.

[163] Ricardo A. Decarbonizing the Growth Model of Brazil: Addressing both Carbon and Energy Intensity [J]. The Journal of Environment and Development, 2010, 19 (3): 358 -374.

[164] Sawhney A, Kahn M E. Understanding Cross-National Trends in High-Tech Renewable Power Equipment Exports to the United States [J]. Energy Policy, 2012 (46): 308 -318.

[165] Scheel H. Undesirable Outputs in Efficiency Valuations [J]. European Journal of Operational Research, 2001 (132): 400 -410.

[166] Scheierling S M, Loomis J B, Young R A. Irrigation Water Demand: A Meta-analysis of Price Easticities [J]. Water Resources Research, 2006, 42 (1): 88 -98, 55 -69

[167] Seiford L M, J Zhu. Modeling Undesirable Factors in Efficiency Evaluation [J]. European Journal of Operational Research, 2002 (142): 16 -20.

[168] Shao S, Huang T, Yang L. Using Latent Variable Approach to Estimate China's Economy-wide Energy Rebound Effect over 1954—2010 [J]. Energy Policy, 2014 (72): 235 -248.

[169] Shao S, Yang Z, Yang L, et al. Can China's Energy Intensity Constraint Policy Promote Total Factor Energy Efficiency? Evidence from the Industrial Sector [J]. The Energy Journal, 2019, 40 (4): 101 - 128.

[170] She Y, Liu Y, Jiang L, et al. Is China's River Chief Policy effective? Evidence from a Quasi-natural Experiment in the Yangtze River Economic Belt, China [J]. Journal of Cleaner Production, 2019 (220): 919 -930.

[171] Song J, Guo Y, Wu P, Sun S. The Agricultural Water Rebound Effect in China [J]. Ecological Economics, 2018 (146): 497 - 506.

[172] Sueyoshi T, M Goto, T Ueno. Performance Analysis of US Coal-fired Power Plants by Measuring three DEA Efficiencies [J]. Energy Policy, 2010 (38): 1675 -1688.

[173] Sun C Z, Hong-Xin L I. Spatio-Temporal Differences in Relative Efficiency of Water Resource Utilization in Liaoning Province [J]. Resources Science, 2008, 30 (10): 1442 -1448.

[174] Tamazian A, Chousa J P, Vadlamannati K C. Does Higher Economic and Financial Development Lead to Environmental Degradation: Evidence from BRIC Countries [J]. Energy Policy, 2009, 37 (1): 246 -253.

[175] Tao A. Research on Relationship between Energy Consumption Quality and Education, Science and Technology based on Grey Relation Theory [J]. Energy Procedia, 2011, 5 (5): 1718 -1721.

[176] Tone K. A Slacks-based Measure of Efficiency in Data Envel-

opment Analysis [J]. European Journal of Operational Research, 2001 (3): 498 -509.

[177] Tone K. Dealing with Undesirable Outputs in DEA: A Slacks-Based Measure (SBM) Approach [C]. Tokyo: National Graduate Institute for Policy Studies, 2004.

[178] Tsur. Economic Aspects of Irrigation Water Pricing [J]. Canadian Water Resources Journal, 2005, 30 (1): 16.

[179] Varghese S K, Veettil P C, Speelman S, et al. Estimating the causal effect of water scarcity on the groundwater use efficiency of rice farming in South India [J]. Ecological Economics, 2013 (86): 55 - 64.

[180] Wang H, P Zhou, D Q Zhou. Scenario-based Energy Efficiency and Productivity in China: A Non-radial Directional Distance Function Analysis [J]. Energy Economics, 2013 (40): 795 -803.

[181] Wang J, Huang J, Zhang L, et al. Do Incentives Still Matter for the Reform of Irrigation Management in the Yellow River Basin in China? [J]. Journal of Hydrology, 2014 (517): 584 -594.

[182] Wang J, Zhang L, Huang J. How Could We Realize A Win-win Strategy on Irrigation Price Policy? Evaluation of A Pilot Reform Project in Hebei Province, China [J]. Journal of Hydrology, 2016 (539): 379 -391.

[183] Wang K, Y M Wei, X Zhang. Energy and Emissions Efficiency Patterns of Chinese Regions: A Multi-directional Efficiency Analysis [J]. Applied Energy, 2013 (104): 105 -116.

[184] Wang Q W, Zhou D Q. Improved Model for Evaluating Rebound Effect of Energy Resource and Its Empirical Research [J]. Chinese Journal of Management, 2008 (5): 688 -691.

[185] Wang X Y, Zhao L G. Agricultural Water Use Efficiency and

Drivers in China-SFA Analysis Based on Provincialpanel Data from 1997 to 2006 [J]. Agricultural economic issues, 2008 (3): 10-18.

[186] Wang Y B, Liu D, Cao X C, et al. Agricultural Water Rights Trading and Virtual Water Export Compensation Coupling Model: A Case Study of An Irrigation District in China [J]. Agricultural Water Management, 2017, 180 (part_PA): 99-106.

[187] Wang Z, Chao F, Zhang B. An Empirical Analysis of China's Energy Efficiency from Both Static and Dynamic Perspectives [J]. Energy, 2014, 74 (C): 322-330.

[188] Wang Z, Lu M. An Empirical Study of Direct Rebound Effect for Road Freight Transport in China [J]. Applied Energy, 2014 (133): 274-281.

[189] Ward F A, Pulido-Velazquez M. Water Conservation in Irrigation can Increase Water Use [J]. Proceedings of the National Academy of Sciences of the United States of America, 2008 (105): 18215-18220.

[190] Wei Y, Chen D, Hu K, et al. Policy Incentives for Reducing Nitrate Leaching from Intensive Agriculture in Desert Oases of Alxa, Inner Mongolia, China [J]. Agricultural Water Management, 2009, 96 (7): 1114-1119.

[191] Wu F, L Fan, P Zhou, D Zhou. Industrial Energy Efficiency with CO_2 Emissions in China: A Nonparametric Analysis [J]. Energy Policy, 2012 (49): 164-72.

[192] Yang L, Li Z. Technology Advance and the Carbon Dioxide Emission in China-empirical Research Based on the Rebound Effect [J]. Energy Policy, 2017 (101): 150-161.

[193] Yi F, Sun D, Zhou Y. Grain Subsidy, Liquidity Constraints and Food security - Impact of the Grain Subsidy Program on the Grain-sown Areas in China [J]. Food Policy, 2015 (50): 114-124.

[194] Yilmaz B, Yurdusev M A, Harmancioglu N B. The Assessment of Irrigation Efficiency in Buyuk Menderes Basin [J]. Water Resources Management, 2009, 23 (6): 1081 -1095.

[195] Yu X, Moreno-Cruz J, Crittenden J C. Regional Energy Rebound Effect: The Impact of Economy-wide and Sector Level Energy Efficiency Improvement in Georgia, USA [J]. Energy Policy, 2015 (87): 250 -259.

[196] Zha D L, Zhou D Q. The Research on China's Energy Efficiency Rebound Effect Based on CGE Model [J]. J. Quant. Tech. Econ, 2010 (12): 39 -53.

[197] Zhang B, Zhang H, Liu B, et al. Policy Interactions and Underperforming Emission Trading Markets in China. [J]. Environmental Science & Technology, 2013, 47 (13): 7077 -7084.

[198] Zhang N, Kong F, Yu Y. Measuring Ecological Total-factor Energy Efficiency Incorporating Regional Heterogeneities in China [J]. Ecological Indicators, 2015 (51): 165 -172.

[199] Zhang Y J, Peng H R, Liu Z, Tan W. Direct Energy Rebound Effect for Road Passenger Transport in China: A Dynamic Panel Quantile Regression Approach [J]. Energy Policy, 2015 (87): 303 -313.

[200] Zhao L, Sun C, Liu F. Interprovincial Two-stage Water Resource Utilization Efficiency under Environmental Constraint and Spatial Spillover Effects in China [J]. Journal of Cleaner Production, 2017 (164): 715 -725.

[201] Zhao N. Measure and Agglomeration of Regional Energy Rebound Effect in China [J]. Res. Finan. Econ, 2013 (2): 109 -114.

[202] Zhou P, B W Ang, D Zhou. Measuring Economy-wide Energy Efficiency Performance: A Parametric Frontier Approach [J]. Applied Energy, 2012 (90): 196 -200.

[203] Zhou P, B W Ang, H Wang. Energy and CO_2 Emission Performance in Electricity Generation: A Non-radial Directional Distance Function Approach [J]. European Journal of Operational Research, 2012b (221): 625 - 635.

[204] Zhou P, B W Ang, K Poh. Slacks-based Efficiency Measures for Modeling Environmental Performance [J]. Ecological Economics, 2006 (60): 111 - 118.

[205] Zhou P, B W Ang. Linear Programming Models for Measuring Economy-wide Energy Efficiency Performance [J]. Energy Policy, 2008 (36): 2911 - 2916.

[206] Zhou X, Zhang J, Li J. Industrial Structural Transformation and Carbon Dioxide Emissions in China [J]. Energy Policy, 2013 (57) (3): 43 - 51.

[207] Zhou Y, Lin Y Y. The Estimation of Technological Progress on the Energy Consumption Returns Effects [J]. Economist, 2007 (2): 45 - 52.